D1918937

Relativitätstheorie kompakt

Robert Denschlag

Relativitätstheorie kompakt

Eine Einführung in die Spezielle und Allgemeine Relativitätstheorie

Graphentis Verlag

Korrektur: Dr. Christian Klinke, StR. Volker Schuhmacher

ISBN 978-3-942819-01-5

1. Auflage

Herstellung: Books on Demand GmbH, Norderstedt

Vorwort

Dieses Buch ist während meiner Studentenzeit im Rahmen meiner Prüfungsvorbereitung zum Fach Relativitätstheorie (RT) entstanden. Dementsprechend stellt das Buch eine begrenzte Zusammenstellung der damals für mich prüfungsrelevanten Themen auf dem Gebiet der Speziellen und der Allgemeinen Relativitätstheorie dar und richtet sich in erster Linie an Studenten, die – ohne den Anspruch auf Vollständigkeit – ein vertieftes Verständnis für die RT entwickeln wollen.
Wer dennoch dem Wunsch auf Vollständigkeit – insbesondere in Bezug auf die Allgemeinen RT – gerecht werden will, dem empfehle ich ein Buch von Weinberg /1/. Dort stößt man auf zahlreiche interessante Gedanken und Zusammenhänge. Weiterhin kann ich dem Leser die Lehrbücher von Stephanie /2/, Schröder /3/ und Fließbach /4/ empfehlen. Eine beeindruckende Visualisierung relativistischer Effekte kann übrigens über die Internetseite *http://www.vis.uni-stuttgart.de/forschung* der Universität Stuttgart abgerufen werden.
Die zahlreichen Lehrbücher zur RT sind ein Indiz dafür, dass die RT ein schwieriges Themengebiet darstellt. Dies liegt sicherlich an den recht hohen Anforderungen an das mathematische Vorwissen und den oftmals dem 'gesunden' Menschenverstand so widerstrebenden Resultaten. Die mathematische Hürde versuche ich durch eine einleitende Einführung in die Tensorrechnung abzusenken. Wer sich dennoch mit der Mathematik in diesem Buch schwer tut, dem empfehle ich als Einführung in die RT ein hervorragendes Buch von Sexl und Schmidt /5/. Die Autoren haben es auf rund 150 Seiten geschafft, die Grundzüge der RT mithilfe von Schulmathematik darzustellen. Wer umgekehrt einen mathematischen und sehr kompakten Zugang bevorzugt, sollte einen Blick in ein Buch von Dirac /6/ werfen, in dem auf knappen 70 Seiten die Allgemeine Relativitätstheorie (ART) abgearbeitet wird.
Wozu also ist neben den ohnehin schon zahlreichen Büchern noch dieses weitere Buch nötigt? Hierfür sprechen zwei triftige Gründe: Zum einen ist es der Versuch, auf wenigen Seiten eine reduzierte Stoffauswahl ausführlich und gleichzeitig verständlich darzustellen. Und zum zweiten ist es der Preis, der mir keinen großen Gewinn und dem Leser kaum Kosten beschert.

Esslingen, im Dezember 2011 Robert Denschlag

/1/ S. Weinberg; Gravitation and Cosmology: Principles and Applications of the General Theory of Relativity; John Wiley & Sons

/2/ H. Stephanie; Allgemeine Relativitätstheorie. Eine Einführung in die Theorie des Gravitationsfeldes von Hans Stephani; Wiley-VCH

/3/ U. E. Schröder; Spezielle Relativitätstheorie: Mit 35 Aufgaben; Deutsch (Harri)

/4/ T. Fließbach; Allgemeine Relativitätstheorie; Spektrum Akademischer Verlag

/5/ R. Sexl, H. K. Schmidt; Raum – Zeit – Relativität; Vieweg

/6/ P. Dirac; General Theory of Relativity; Princeton University Press

Inhaltsverzeichnis

Einleitung

Die Relativitätstheorie beheimatet zwei Theorien, nämlich die sogenannte **Spezielle Relativitätstheorie** (SRT) sowie die **Allgemeine Relativitätstheorie** (ART), die eine Erweiterung der SRT darstellt. Im Zentrum der SRT steht das durch Zeitpunkt und Ort festgelegte **Ereignis**. Ein Beispiel für ein Ereignis wäre eine an einem bestimmten Ort und zu einem bestimmten Zeitpunkt durchgeführte Temperaturmessung. Dabei hängen die Zeit- und Ortskoordinaten von dem zugrundegelegten Koordinatensystem ab. Die SRT lässt in einem ersten Schritt nur Koordinatensysteme zu, die sich mit konstanter Geschwindigkeit durch den Raum bewegen. Solche Koordinatensysteme werden **Inertialsysteme** genannt. Diese Systeme zeichnen sich dadurch aus, dass diese meist eine besonders einfache Beschreibung der physikalischen Abläufe ermöglichen. Gravitationsfelder werden außer Acht gelassen. Da Gravitationskräfte eine unbegrenzte Reichweite besitzen, stellen Inertialsysteme idealisierte Koordinatensysteme dar, die nur näherungsweise realisiert werden können.

Kennt man die Koordinaten eines Ereignisses in einem Inertialsystem IS, so kann man die Koordinaten desselben Ereignisses in einem anderem, sich relativ zu IS bewegenenden Intertialsystems IS′ berechnen. Diese Umrechnung der Koordinaten wurde seit Jahrhunderten mittels der sogenannten **Galileitransformationen** durchgeführt. Diese erweisen sich jedoch als ungültig, wenn die Relativgeschwindigkeit zwischen den beiden Inertialsystemen die Größenordnung der **Lichtgeschwindigkeit** erreicht. Hier stellt die SRT neue Koordinatentransformationen bereit, die als **Lorentztransformationen** bezeichnet werden. Diese neuen Transformationen haben die merkwürdige aber beobachtbare Eigenschaft (vgl. Anhang B), dass sich Licht, unabhängig vom Bewegungszustand des Beobachters, immer mit der konstanten Geschwindigkeit $c = 300\,000\,\mathrm{km/s}$ ausbreitet.

Im Gegensatz zur SRT, die sich erst einmal nur auf gleichförmig bewegte Koordiantensysteme im gravitationsfreien (und damit massefreien) Raum beschränkt, werden in der ART sich beliebig bewegende Koordinatensysteme sowie Gravitationskräfte zugelassen. Die Verbindung von der ART zur SRT wird durch das sogenannte Äquivalenzprinzip hergestellt. Dieses Prinzip fordert die Äquivalenz von Gravitationskräften und Beschleunigungskräften. Es hat zur Folge, dass man Gravitationskräfte lokal durch Beschleunigungskräfte (freier Fall) eliminieren kann, sodass in einem frei fallenden Koordinatensystem lokal die Gesetze der SRT gelten. Tatsächlich lässt sich die SRT auch auf beschleunigte Bezugssysteme ausdehnen, indem man eine beschleunigte Bewegung durch eine Folge von homogenen Bewegungen annähert. Eine solche Näherung ist in der nachfolgenden Abbildung dargestellt und kann mathematisch durch einen Grenzübergang ohne Verlust an Genauigkeit durchgeführt werden. Weiterhin nimmt der in der SRT nicht wegzudenkende Einstein-Lorentz-Faktor $\sqrt{1 - v^2/c^2}$ mittels eines kleinen 'Kniffes' schon ein Ergebnis aus der ART vorweg. In der SRT verändert sich die Eigenzeit einer sich mit v bewegenden Uhr um diesen Faktor. Ersetzt man nun v^2 wegen $v^2 = 2E_{\text{kin}}/m$ durch $2E_{\text{pot}}/m = 2\gamma M/r$, so erhält man anstelle des Faktors $\sqrt{1 - v^2/c^2}$ den Faktor $\sqrt{1 - 2\gamma M/(r \cdot c^2)}$, welcher nach der ART die Veränderung der Eigenzeit einer Uhr unter Gravitationswirkung angibt.

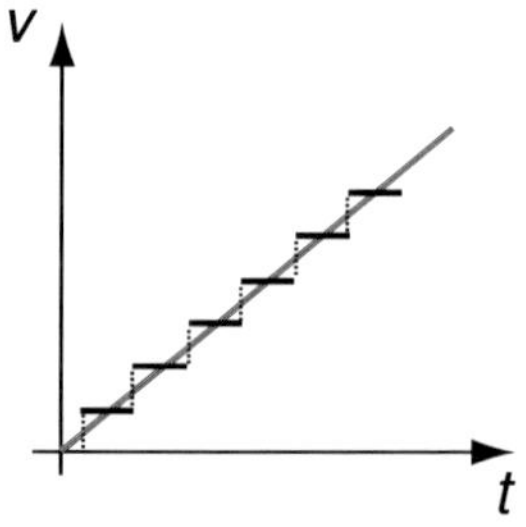

Abbildung 1: Eine beschleunigte Bewegung kann näherungsweise als eine Aneinanderreihung von homogenen Bewegungen angesehen werden.

Im Zentrum der ART stehen die **Einsteinschen Feldgleichungen**, aus denen sich bei vorgegebener Massenverteilung die geometrischen Eigenschaften des vierdimensionalen Raumes berechnen lassen. Die Bewegung eines Körpers in einem i. Allg. gekrümmten Raum kann dann durch die zukzessive **Parallelverschiebung** des Geschwindigkeitsvektors berechnet werden. In der SRT und insbesondere in der ART stellt der **Tensorformalismus** das mathematische Rüstzeug dar, das zum Aufbau der Theorie und zur konkreten Problemlösung benötigt wird. Daher wird der Tensor-

formalismus im ersten Kapitel ausführlich besprochen, bevor im zweiten Kapitel die Grundzüge der SRT und im dritten Kapitel die Grundzüge der ART behandelt werden. Dem Leser wird auffallen, dass ich bei der Einführung der **Einsteinschen Feldgleichungen** die **Kosmologische Kostante** nicht berücksichtigt habe. Zwar spielt diese Konstante in der modernen Kosmologie eine wichtige Rolle, aber Kosmologie ist nicht das Thema dieses Buches, auch wenn ein starker Antrieb für das Durchdringen der Relativitätstheorie sicherlich ebenselbige ist.
Am Ende eines jeden Kapitels kann der Leser mittels den dort aufgeführten Übungsaufgaben prüfen, ob er den dargestellten Stoff verstanden hat. Hinweise und Lösungen zu den Aufgaben findet der Leser im Anhang A. Im Anhang B gebe ich einen Überblick über die für die Relativitätstheorie wichtigsten Experimente und im Anhang C habe ich einige nette Weisheiten Einsteins zusammengefasst, die mir besonders gut gefallen.

Kapitel 1

Tensoren

1.1 Einführung in die Tensorrechnung

Der Tensorformalismus nimmt insbesondere in der Allgemeinen Relativitätstheorie eine zentrale Rolle ein. Gewöhnlich wird der Begriff des Tensors, so wie im Abschnitt 1.2, rein formal durch die Definition (1.13) eingeführt. Dabei wird aber zumindest nicht direkt ersichtlich, was die Motivation einer solchen Definition ist. Dieser einleitende Abschnitt soll zu einem besseren Verständnis der Definition (1.13) führen, indem das Transformationsverhalten von einfachen Tensoren, nämlich von Vektoren, untersucht wird. Dabei beschränkt sich dieser Abschnitt auf Koordiantentransformationen, die eine Drehung im Raum darstellen.

Transformationsverhalten von Vektoren

Man stelle sich also einen n-dimensionalen Vektorraum $\mathbb{V}$ vor, auf dem ein Skalarprodukt $\bullet$ definiert ist. Weiterhin sei die Menge $\{\mathbf{b}_1, \ldots, \mathbf{b}_n\}$ eine (beliebig gewählte) Basis dieses Vektorraums. Damit lässt sich jeder beliebige Vektor $\mathbf{x}$ des Vektorraumes in eindeutiger Weise wie folgt darstellen:

$$\mathbf{x} = x^1\mathbf{b}_1 + \ldots + x^n\mathbf{b}_n =: x^i\mathbf{b}_i$$

Hier wurde die Einsteinsche Summenkonvention verwendet: Es wird über oben und unten stehende Indizes von 1 bis n summiert, falls die Indizes identisch sind. Man beachte dabei, dass keine Summation erfolgt, falls z. B. beide Indizes unten stehen. Der Vektor $\mathbf{x}$ wird nun aus Bequemlichkeit und Zweckmäßigkeit durch die Koeffizienten x^i repräsentiert:

$$\vec{x} = \begin{pmatrix} x^1 \\ \vdots \\ x^n \end{pmatrix} \tag{1.1}$$

Man bezeichnet (1.1) auch als Darstellung von **x** und die einzelnen x^i sind dann die Komponenten dieser Darstellung. Die Darstellung eines Vektors hängt damit von der gewählten Basis ab. Als Beispiel für einen Vektorraum stelle man sich den dreidimensionalen Anschauungsraum $\mathbb{R}^3$ vor, samt eines kartesischen Koordinatensystems KS. Einheitsvektoren entlang der Achsen bilden dann gerade eine orthonormale Basis. Irgendein Vektor (Pfeil) **x** lässt sich dann immer vom Ursprung des KS abtragen und seine Koordinatendarstellung $\vec{x}$ ist dann identisch mit den Koordinaten des Punkts, auf den die Pfeilspitze zeigt. Dreht man das KS und lässt den Vektor fest im Raum (**x** bleibt also unverändert), so ergibt sich eine veränderte Koordinatendarstellung $\vec{x'}$. Diese neue Darstellung kann dann anhand der alten Darstellung und der Kenntnis über die Drehung **D** berechnet werden:

$$\vec{x'} = D\vec{x} \quad \text{bzw.} \quad x'^i = D^i_j x^j \tag{1.2}$$

D ist eine Matrix (in diesem Beispiel eine 3×3-Matrix), die von der Drehung **D** abhängt. Bei der angesprochenen Drehung **D** besteht die Matrix D aus konstanten Koeffizienten D^i_j. Damit ist der oben angeschriebene Zusammenhang zwischen den Koordinaten x'^i und x^i linear. Der Übergang von x^i nach x'^i nennt man Koordinatentransformation.[1] Dieser Übergang beschreibt demnach die Situation, dass ein Beobachter, dessen Bezugssystem das Koordinatensystem KS ist, dem Vektor **x** die Darstellung $\vec{x}$ zuweist, wohingegen ein Beobachter im verdrehten KS′ dem Vektor **x** die Darstellung $\vec{x'}$ zuordnet. Allgemein lässt sich eine Koordinatentransformation wie folgt definieren:

$$x'^i = x'^i(x^1, \ldots, x^n) \qquad (i = 1, \ldots, n)$$

Dabei sollen die neuen Koordinaten x'^i analytisch von den alten x^i abhängen und die Umkehrtransformation $x^i = x^i(x'^1, \ldots, x'^n)$ existieren.

Vektoren als Tensoren der Stufe 1

Man kann sich an dieser Stelle fragen, was das Bisherige eigentlich mit Tensoren zu tun hat. Die Antwort ist einfach:
Eine indizierte Größe $T^{i_1 i_2 \ldots i_m}(x^1, \ldots, x^n)$ heißt Tensor (exakter handelt es sich um die Darstellung eines Tensors **T**) der Stufe m, wenn sich diese Größe bei einem Wechsel des Koordinatensystems wie folgt transformiert:

$$T'^{i_1 i_2 \ldots i_m}(x'^1, \ldots, x'^n) = \frac{\partial x'^{i_1}}{\partial x^{j_1}} \frac{\partial x'^{i_2}}{\partial x^{j_2}} \cdots \frac{\partial x'^{i_n}}{\partial x^{j_n}} T^{j_1 j_2 \ldots j_m}(x^1, \ldots, x^n) \tag{1.3}$$

[1] Mit einem Wechsel des KS ist also immer eine Koordinatentransformation verbunden.

Man beachte bei dieser Schreibweise die Summenkonvention. Außerdem wird die angeschriebene Ortsabhängigkeit oft unterschlagen, entweder aus Bequemlichkeit, oder weil gar keine Ortsabhängigkeit vorhanden ist.[2]
Was hat nun diese erst einmal abstrakte Definition mit unserem obigen Beispiel zu tun, in dem wir das Transformationsverhalten der Koordinatendarstellung eines Vektors betrachtet hatten?
In unserem Beispiel waren die indizierten Größen die x^i, d.h. die Koordinaten der Darstellung von $\mathbf{x}$. Lässt man nur solche Koordinatentransformationen zu, die einer räumlichen Drehung des Koordinatensystems entsprechen, so erfüllt die Gleichung (1.2) gerade die Definition für einen Tensor der Stufe $m = 1$, wenn man die Drehmatrix D^i_j in (1.2) mit $\frac{\partial x'^i}{\partial x^j}$ identifiziert. Gewöhnlich wird ein Tensor der Stufe 1 als Vektor bezeichnet. Man beachte den wichtigen Sachverhalt, dass die eigentliche physikalische Größe, nämlich der Tensor $\mathbf{T}$ (oder in unserem Beispiel der Vektor $\mathbf{x}$), unabhängig von der Wahl des Koordinatensystems ist. Nur seine Darstellung, und gerade mit dieser wird gewöhnlich gearbeitet, hängt von der Wahl des KS ab. Die $T^{i_1 \ldots i_m}$ sind nichts anderes als die Komponenten der Darstellung einer zumeist physikalischen Größe $\mathbf{T}$, die sich, falls $\mathbf{T}$ ein Tensor ist, beim Wechsel der Basisvektoren (bzw. beim Wechsels des Koordinatensystems) wie (1.3) transformieren. Kennt man also die Darstellung einer physikalischen Größe $\mathbf{T}$ in einem KS sowie die Koordinatentransformation zu einem anderen Koordinatensystem KS', so kennt man auch die Darstellung von $\mathbf{T}$ in KS', vorausgesetzt $\mathbf{T}$ ist ein Tensor.

Das Tensorprodukt

Sind die Komponenten von $\mathbf{T}$ beispielsweise zweifach indiziert, so kann man $\mathbf{T}$ als Summe von Tensorprodukten $\otimes$ aus jeweils zwei Vektoren $\mathbf{x}_a$ und $\mathbf{y}_a$ auffassen. Das Tensorprodukt wird auch als direktes bzw. dyadisches Produkt bezeichnet. Also:

$$\mathbf{T} = \sum_a \mathbf{x}_a \otimes \mathbf{y}_a = \sum_a x^i_a \mathbf{b}_i \otimes y^j_a \mathbf{b}_j = (\sum_a x^i_a y^j_a) \mathbf{b}_i \otimes \mathbf{b}_j =: T^{ij} \mathbf{b}_i \otimes \mathbf{b}_j \quad (1.4)$$

Dabei ist die Darstellung $x^i y^j$ des Tensorprodukts $\mathbf{x} \otimes \mathbf{y}$ zwischen zwei Vektoren $\mathbf{x} = x^i \mathbf{b}_i$ und $\mathbf{y} = y^i \mathbf{b}_i$ durch

$$x^i y^j = \begin{pmatrix} x^1 y^1 & \ldots & x^1 y^n \\ \vdots & \ddots & \vdots \\ x^n y^1 & \ldots & x^n y^n \end{pmatrix} \quad (1.5)$$

[2]Tensoren mit Ortsabhängigkeit werden als Tensorfelder bezeichnet.

definiert. Dass ein Tensor der Stufe 2 immer analog zur Gleichung (1.4) durch ein direktes Produkt von Vektoren ausgedrückt werden kann, sieht man wie folgt ein: Legen wir unseren Überlegungen das durch die Basis $\{\mathbf{b}_k\}$ aufgespannte Koordinatensystem KS zugrunde. In diesem KS habe der Tensor $\mathbf{T}$ der Stufe 2 die Darstellung T^{ij}. Wir beschränken uns der Einfachheit halber auf einen zweidimensionalen Vektorraum. Die Darstellung von $\mathbf{T}$ lässt sich als Summe darstellen:

$$T^{ij} = \begin{pmatrix} T^{11} & T^{12} \\ T^{21} & T^{22} \end{pmatrix} = \begin{pmatrix} T^{11} & 0 \\ 0 & 0 \end{pmatrix} + \begin{pmatrix} 0 & T^{12} \\ 0 & 0 \end{pmatrix} + \begin{pmatrix} 0 & 0 \\ T^{21} & 0 \end{pmatrix} + \begin{pmatrix} 0 & 0 \\ 0 & T^{22} \end{pmatrix}$$

Der Tensor $\mathbf{T}$ kann damit durch eine Summe von vier Tensorprodukten aus insgesamt acht Vektoren $\mathbf{T} = \mathbf{x}_1 \otimes \mathbf{y}_1 + \mathbf{x}_2 \otimes \mathbf{y}_2 + \mathbf{x}_3 \otimes \mathbf{y}_3 + \mathbf{x}_4 \otimes \mathbf{y}_4$ ausgedrückt werden, deren Darstellungen im zugrundeliegenden KS folgendermaßen zu wählen sind:

$$\vec{x}_1 = \begin{pmatrix} T^{11} \\ 0 \end{pmatrix} \quad \vec{y}_1 = \begin{pmatrix} 1 \\ 0 \end{pmatrix} \quad \vec{x}_2 = \begin{pmatrix} 1 \\ 0 \end{pmatrix} \quad \vec{y}_2 = \begin{pmatrix} 0 \\ T^{22} \end{pmatrix}$$

$$\vec{x}_3 = \begin{pmatrix} 0 \\ T^{21} \end{pmatrix} \quad \vec{y}_3 = \begin{pmatrix} 1 \\ 0 \end{pmatrix} \quad \vec{x}_4 = \begin{pmatrix} 0 \\ T^{22} \end{pmatrix} \quad \vec{y}_4 = \begin{pmatrix} 0 \\ 1 \end{pmatrix}$$

Die Darstellung des direkten Produkts $\mathbf{x}_i \otimes \mathbf{y}_i$ ergibt sich mithilfe der Definition (1.5) zu:

$$\mathbf{x}_i \otimes \mathbf{y}_i : \ \vec{x}_i \cdot \vec{y}_i^{\,\mathrm{T}} = \begin{pmatrix} x_i^1 y_i^1 & x_i^1 y_i^2 \\ x_i^2 y_i^1 & x_i^2 y_i^2 \end{pmatrix}$$

Damit ist die Darstellung von $\mathbf{x}_1 \otimes \mathbf{y}_1 + \ldots + \mathbf{x}_4 \otimes \mathbf{y}_4$ im zugrunde liegenden KS mit der Darstellung von $\mathbf{T}$ identisch. Wegen des identischen Transformationsverhaltens von $\mathbf{T}$ und $\mathbf{x}_1 \otimes \mathbf{y}_1 + \ldots + \mathbf{x}_4 \otimes \mathbf{y}_4$ stimmt dann die Darstellung in allen Koordinatensystemen überein. Damit sind beide Größen identisch.

Transformationsverhalten der Basisvektoren $\mathbf{b}_i$

Bisher wurden die Komponenten eines Tensors $\mathbf{T}$ immer oben indiziert, während man die Basisvektoren $\mathbf{b}$ wegen der Summenkonvention unten indizierte. Natürlich hätte man diese Notation auch umgekehrt einführen können. Wichtig ist dabei nur, dass man überhaupt zwischen oben und unten indizierten Größen unterscheidet. Hierzu halte man sich wieder das anfängliche Beispiel vor Augen, in dem zwei Koordinatensysteme KS und KS′ betrachtet wurden und KS′ durch eine Drehung $\mathbf{D}$ aus KS hervorging.

Wir hatten dort, grob gesprochen, die Koordinatenachsen als Basisvektoren interpretiert und behauptet (was mit etwas Kenntnis aus der Linearen Algebra direkt einsichtig war), dass die Koordinaten des Vektors $\mathbf{x}$ in KS′ über die Koordinaten von $\mathbf{x}$ in KS durch eine (lineare) Transformationsmatrix D ausgedrückt werden können (vgl. (1.2)). Nun lassen sich aber ebenso die Basisvektoren $\mathbf{b}'_i$ in KS′ aus den alten Basisvektoren $\mathbf{b}_i$ in KS ausdrücken.[3] Wegen

$$\mathbf{x} = x^i \mathbf{b}_i = x'^i \mathbf{b}'_i \tag{1.6}$$

und

$$x^i \mathbf{b}_i = \delta^k_j x^j \mathbf{b}_k = \underbrace{D^i_j \bar{D}^k_i}_{=\delta^k_j} x^j \mathbf{b}_k = D^i_j x^j \bar{D}^k_i \mathbf{b}_k = x'^i \mathbf{b}'_i \tag{1.7}$$

transformieren sich die Basisvektoren $\mathbf{b}'_i$ mittels $\bar{D}$ aus den Basisvektoren $\mathbf{b}_i$, wobei mit $\bar{D}$ die inverse Matrix zu D bezeichnet wird. Wir verwenden $\bar{D}$ anstelle D^{-1} zur Bezeichnung der Inversen nur deshalb, weil die Schreibweise $\bar{D}^{ij}$ kompakter ist als $(D^{-1})^{ij}$. Aus dem Zusammenhang (1.7) lässt sich ablesen, dass die Position der Indizes Auskunft über das Transformationsverhalten der indizierten Größe gibt.

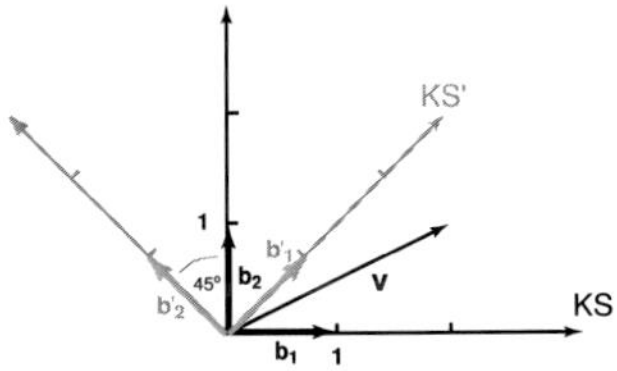

Abbildung 1.1: Transformationsverhalten der Basisvektoren $\mathbf{b}'_i$ und des Vektors $\mathbf{v}$ unter Drehung des Koordinatensystems. Das Koordiantensystem KS′ entsteht durch eine Drehung um 45° aus KS.

Machen wir uns das inverse Transformationsverhalten der Basisvektoren gegenüber dem Transformationsverhalten der Komponenten eines Tensors an einem Beispiel klar. Der Sachverhalt ist in der Abbildung 1.1 dargestellt. In diesem Beispiel betrachten wir die zwei Koordinatensysteme KS und KS', wobei KS′ durch eine Drehung um 45° aus KS entsteht. KS wird durch die Basen $\mathbf{b}_1$ und $\mathbf{b}_2$ aufgespannt, während KS′ durch das Basissystem $\mathbf{b}'_1$ und $\mathbf{b}'_2$ repräsentiert wird. Betrachten wir die Darstellung des

[3]Dies ist der eigentliche Übergang von KS zu KS'.

Vektors $\mathbf{v}$ in KS:

$$v^i = \begin{pmatrix} 2 \\ 1 \end{pmatrix}$$

Die Basisvektoren von KS′ ergeben sich durch Linearkombination aus den Basisvektoren von KS:

$$\mathbf{b}'_1 = \bar{D}^i_1 \mathbf{b}_i = \cos(\alpha)\mathbf{b}_1 + \sin(\alpha)\mathbf{b}_2$$

und

$$\mathbf{b}'_2 = \bar{D}^i_2 \mathbf{b}_i = -\sin(\alpha)\mathbf{b}_1 + \cos(\alpha)\mathbf{b}_2$$

Damit lautet die inverse Drehmatrix $\bar{D}$ wegen $\sin(45°) = \cos(45°) = 1/\sqrt{2}$

$$\bar{D}^i_j = \begin{pmatrix} \bar{D}^1_1 & \bar{D}^1_2 \\ \bar{D}^2_1 & \bar{D}^2_2 \end{pmatrix} = \begin{pmatrix} 1/\sqrt{2} & -1/\sqrt{2} \\ 1/\sqrt{2} & 1/\sqrt{2} \end{pmatrix},$$

woraus sich die Transformation D^i_j für die Komponenten von $\mathbf{v}$ ergibt:

$$D^i_j = \begin{pmatrix} 1/\sqrt{2} & 1/\sqrt{2} \\ -1/\sqrt{2} & 1/\sqrt{2} \end{pmatrix}$$

Die Darstellung von $\mathbf{v}$ in KS′ lautet daher:

$$v'^i = \begin{pmatrix} 3/\sqrt{2} \\ -1/\sqrt{2} \end{pmatrix}$$

Der Leser kann anhand der Abbildung 1.1 leicht nachprüfen, dass diese Darstellung von $\mathbf{v}$ in KS′ korrekt ist.

Ko- und kontravariante Darstellungen

Bislang wurden die Basisvektoren $\mathbf{b}_i$ immer unten indiziert. Es lässt sich aber auch ein zum Basissystem $\{\mathbf{b}_i\}$ zugehöriges neues Basissystem $\{\mathbf{b}^i\}$ anhand der folgenden Forderung

$$\mathbf{b}_i \bullet \mathbf{b}^j = \delta^j_i$$

einführen. Hierin bedeutet $\bullet$ die Operation des Skalarprodukts.[4] Die unten indizierte Basis nennt man **kovariante** Basis. Die oben indizierte Basis heißt **kontravariante** Basis. Nun kann man natürlich einen Tensor $\mathbf{T}$ auch über die kontravariante Basis darstellen. Man indiziert dann allerdings die zugehörigen Komponenten $T_{ij\ldots}$ unten. Einmal wird man die Summenkonvention beibehalten wollen. Zum anderen will man natürlich andeuten,

[4] Mathematisch: $\bullet : \mathbb{V} \times \mathbb{V} \longrightarrow \mathbb{R}$ (bzw. $\mathbb{C}$).

über welche Basis die Darstellung des Tensors **T** erfolgt.
Es wurde schon erläutert, dass die Position der Indizes Auskunft über das Transformationsverhalten der indizierten Größen gibt. Für die unten indizierte Basis[5] hatten wir schon festgestellt, dass diese sich gerade durch die inverse Vorschrift transformiert, mit der sich die zugehörigen (oben indizierten) Tensorkomponenten transformieren. Die Vermutung liegt also nahe, dass dieses Verhalten auch für die unten indizierten Komponenten, also die kovarianten Tensorkomponenten gilt.
Hierzu betrachtet man die kovariante Basis $\{\mathbf{b}_i\}$. Wird nun eine Transformation zu einer neuen Basis $\{\mathbf{b}'_i\}$ durchgeführt[6], so besteht zwischen den beiden Basissystemen ein Zusammenhang, nämlich:

$$\mathbf{b}'_i = \bar{D}^j_i \mathbf{b}_j$$

Da aber zwischen der kovarianten Basis $\{\mathbf{b}'_i\}$ und der kontravarianten Basis $\{\mathbf{b}'^i\}$ die Forderung $\mathbf{b}'_i \bullet \mathbf{b}'^j = \delta^j_i$ erfüllt sein muss, erhält man direkt:

$$\mathbf{b}'^i = D^i_j \mathbf{b}^j$$

Anhand der Gleichung (1.1) und (1.7) stellt man ähnlich zum bereits oben besprochenen Beispiel fest, dass sich die kovarianten Tensorkomponenten bei einer Koordinatentransformation gerade invers zu den kontravarianten Tensorkomponenten transformieren. Demnach transformieren sich die (kovarianten) Komponenten $T_{i...}$ eines Tensors **T** wie folgt:

$$T'_{i_1 i_2 \dots i_m}(x'^1, \dots, x'^n) = \frac{\partial x^{j_1}}{\partial x'^{i_1}} \frac{\partial x^{j_2}}{\partial x'^{i_2}} \cdots \frac{\partial x^{j_n}}{\partial x'^{i_n}} T_{j_1 j_2 \dots j_m}(x^1, \dots, x^n)$$

Die partiellen Ableitungen auf der rechten Seite lassen sich auch durch kovariante Koordinaten ausdrücken. Dabei muss nur beachten werden, dass $\frac{\partial x'^i}{\partial x^j} = \frac{\partial x_j}{\partial x'_i}$ gilt.

Der metrische Tensor

Wie lassen sich nun die kovarianten Komponenten eines Tensors bestimmen? Hierzu betrachten wir wieder unseren Vektor $\mathbf{x}$, also einen Tensor der Stufe 1 samt seinen kontravarianten Komponenten. Betrachtet man nun das folgende Skalarprodukt (unter Berücksichtigung der Summenkonvention):

$$\mathbf{x} \bullet \mathbf{x} = x_i \mathbf{b}^i \bullet x^j \mathbf{b}_j = x_i x^i$$

[5]Diese Basis stellt quasi die Ausgangsbasis dar, da man diese am Anfang willkürlich gewählt hat.
[6]Physikalisch bedeutet dies gerade ein Wechsel ('Drehung') des Koordinatensystems und bedingt somit eine Koordinatentransformation D.

Betrachtet man weiter

$$\mathbf{x} \bullet \mathbf{x} = x^i \mathbf{b}_i \bullet x^j \mathbf{b}_j = (\mathbf{b}_i \bullet \mathbf{b}_j) x^i x^j =: g_{ij} x^i x^j, \tag{1.8}$$

so ergibt sich:

$$g_{ij} x^i x^j = x_i x^j$$

Die Matrix g_{ij} ist die Darstellung des Tensors **g**, der als metrischer Tensor bezeichnet wird, da mittels g_{ij} reale Abstände in Raum und Zeit berechnet werden. Dass **g** ein Tensor der Stufe 2 darstellt, lässt sich beispielsweise wie folgt zeigen: Mit

$$x_i = g_{ij} x^j, \qquad x'_i = g'_{ij} x'^j \tag{1.9}$$

und

$$x'_i = \frac{\partial x^j}{\partial x'^i} x_j = \frac{\partial x^j}{\partial x'^i} g_{jk} x^k = \frac{\partial x^j}{\partial x'^i} g_{jk} \frac{\partial x^k}{\partial x'^l} x'^l \stackrel{(1.9)}{=} g'_{il} x'^l \tag{1.10}$$

ergibt sich

$$g'_{il} = \frac{\partial x^j}{\partial x'^i} \frac{\partial x^k}{\partial x'^l} g_{jk}$$

Damit transformieren sich die Komponenten von **g** wie die eines Tensors der Stufe 2.

Für den gewöhnlichen Anschauungsraum $\mathbb{R}^3$ mit kartesischen Koordinaten ist **g** die 3×3-Einheitsmatrix. Befindet man sich im Minkowskiraum der speziellen Relativitätstheorie, so wird **g** mit η bezeichnet, wobei

$$\eta_{ij} = \begin{pmatrix} 1 & 0 & 0 & 0 \\ 0 & -1 & 0 & 0 \\ 0 & 0 & -1 & 0 \\ 0 & 0 & 0 & -1 \end{pmatrix} \tag{1.11}$$

ist. Lässt man beliebige Koordinaten zu, wie es in der allgemeinen Relativitätstheorie der Fall ist, so ist **g** i. Allg. unbekannt. Man erhält die Komponenten g_{ij} von **g** dann als Lösung der Einsteinschen Feldgleichungen.

An der Gleichung (1.1) lässt sich

$$x_i = g_{ij} x^j$$

ablesen. Dieser Zusammenhang deutet schon an, dass man mit der Matrix g_{ij} Indizes beliebiger Tensoren 'herunterziehen' kann. Analoges ergibt sich für $g^{ij} = \mathbf{b}^i \bullet \mathbf{b}^j$. Mit dieser Matrix lassen sich dann Indizes heraufziehen:

$$T^i{}_{jk\ldots} = g^{il} T_{ljk\ldots}$$

Somit lassen sich mit dem metrischen Tensor auch sogenannte gemischte Tensoren konstruieren, deren Transformationsverhalten man dadurch erhält, dass man sich die $T^{ikm\dots}_{jln\dots}$ entsprechend der Gleichung (1.4) aus Tensorkomponenten zusammengesetzt denkt:

$$T^{ikm\dots}_{jln\dots} = A^{ikm\dots}B_{jln\dots}$$

Man beachte hierbei, dass i. Allg. die Stellung der Indizes von Bedeutung ist. So ist beispielsweise $T_k^{\ i} = g_{jk}T^{ji}$ und $T^i_{\ k} = g_{jk}T^{ij}$. Damit ist im Falle von $T^{ij} \neq T^{ji}$ auch $T^i_{\ j} \neq T_j^{\ i}$. Aus dem Obigen ist weiterhin leicht einzusehen, dass speziell

$$\eta_{ij}\eta^{jk} = \delta_i^k \tag{1.12}$$

gilt. Dass bislang Aussagen an dem Spezialfall eines Vektors (Tensor der Stufe 1) bewiesen wurden, braucht nicht zu stören, da man leicht die Beweise auf beliebige Tensoren übertragen kann. Es ergibt sich lediglich ein erhöhter Schreibaufwand.
Es muss noch darauf hingewiesen werden, dass bisher immer eine (kovariante) Basis aus dem Vektorraum ausgewählt wurde. Diese Basis war dann fest gewählt und die sich daraus ergebenden g_{ik} sind dann Konstanten. Es wurde aber auch schon erwähnt, dass in der Physik geeignete Basisvektoren gerade die Koordinatenachsen eines zugrundeliegenden KS sind. Sind die Koordinaten kartesisch (oder auch schiefwinklig), so gibt es keine neuen Probleme. Diese treten dann auf, wenn krummlinige Koordinatensysteme eingeführt werden (z. B. Polarkoordinaten). In einem solchen Fall wird in jedem Punkt ein neues Basissystem eingeführt. Diese ortsabhängigen Basen sind dann gerade Tangentenvektoren der krummen Koordinatenlinien in den jeweiligen Punkten. Somit werden auch die Komponenten des metrischen Tensors g_{ij} (bzw. g^{ij}) ortsabhängig. Sind nur die Koordinatensysteme krumm, nicht aber der zugrundeliegende Raum, so ist der metrische Tensor $\mathbf{g}$ im Gegensatz zu seinen Koordinaten g_{ij} ortsunabhängig. Ist darüber hinaus der Raum selbst gekrümmt, so wie es in der Allgemeinen Relativitätstheorie der Fall ist, so ist auch $\mathbf{g}$ vom Ort abhängig.

1.2 Das Rechnen mit Tensoren

Im Folgenden wird nur noch mit den Tensorkomponenten gearbeitet und die zugehörige Basis gar nicht mehr beachtet, obgleich diese noch immer das gewählte KS repräsentiert. Wie im letzten Abschnitt bezeichnen wir dann die Tensorkomponenten selbst als Tensor.
Halten wir das Wesentliche des letzten Abschnitts noch einmal fest: Führt

man eine Koordinatentransformation $x'^i = x'^i(x_1, \ldots, x_n)$ durch[7], so transformiert sich der (gemischte) Tensor $T^{ik\ldots}_{jl\ldots}$ wie folgt:[8]

$$T'^{ik\ldots}_{\;jl\ldots}(x'^1, \ldots, x'^n) = \frac{\partial x'^i}{\partial x^a}\frac{\partial x'^k}{\partial x^c} \cdots \frac{\partial x^b}{\partial x'^j}\frac{\partial x^d}{\partial x'^l} \cdots T^{ac\ldots}_{\;bd\ldots}(x^1, \ldots, x^n) \qquad (1.13)$$

Hiemit stellt man fest, dass die Koordinatendifferentiale dx^i auch Tensoren (der Stufe 1) darstellen.[9] Die Koordinaten selbst sind nur dann Tensoren, wenn die partiellen Ableitungen in der obigen Definition Konstanten sind. Um mit Tensoren zu rechnen, beachte man die folgenden Rechenregeln:

- Addition von Tensoren gleicher Stufe ergibt wieder ein Tensor derselben Stufe
- Multiplikation zweier Tensoren der Stufe n und m ergibt einen Tensor der Stufe n+m
- Herauf/Herunterziehen von Tensorindizes:

$$T_h{}^{k\ldots}_{\;jl\ldots} = g_{hi}T^{ik\ldots}_{\;jl\ldots} \qquad T_j{}^{hik\ldots}_{\;\ldots} = g^{hl}T_{jl\ldots}{}^{ik\ldots}$$

- Kroneckersymbol: $g_{ij}g^{jk} = g_i^k = \delta_i^k$
- Kontraktion (Verjüngung) von Tensoren: $T^{jk\ldots}_{\;jl\ldots} = T^{k\ldots}_{l\ldots}$ (man beachte die Summenkonvention!)
- Skalare: Jeder Tensor mit geradzahliger Stufe lässt sich zu einem Skalar (Tensor der Stufe 0) kontrahieren. Beispiel: $T := g_{ij}T^{ij} = T^j_j$. Offenbar gilt: $T'(\mathbf{x}') = T'^j_j(\mathbf{x}') \overset{(1.13)}{=} T^j_j(\mathbf{x}) = T(\mathbf{x})$. Also stellt ein Skalar (bzw. skalare Funktion) eine Invariante unter Koordinatentransformationen dar.

Eine weitere wichtige Regel ist die sogenannte Quotientenregel: Verknüpft man zwei Größen, wovon eine mit Gewissheit ein Tensor ist, und ergibt das Resultat wieder einen Tensor, so muss auch die noch 'unbestimmte' Größe ein Tensor sein. Wir haben diese Regel schon für den speziellen Fall der g_{ij} im letzten Abschnitt bewiesen (Gleichung (1.9) und (1.10)).
Ein Beispiel für einen Skalar ist das sogenannte infinitesimale Wegelement ds, dessen Quadrat wie folgt definiert ist:

$$(ds)^2 = g_{ij}dx^i dx^j$$

---

[7] $i = 1, \ldots, n$

[8] Die Punkte sollen weitere Indizes andeuten.

[9] Nach dem letzten Abschnitt ist dies identisch mit:
$T'^{ik\ldots}_{jl\ldots}(x'^1, \ldots, x'^n) = \frac{\partial x'^i}{\partial x^a}\frac{\partial x'^k}{\partial x^c} \cdots \frac{\partial x'_j}{\partial x_b}\frac{\partial x'_l}{\partial x_d} \cdots T^{iac\ldots}_{bd\ldots}(x^1, \ldots, x^n)$

ds gibt gerade den Abstand zwischen zwei infinitesimalen Punkten x und $x + dx$ an. Dieser hängt offensichtlich von den g_{ij} ab.[10] Dies rechtfertigt die Bezeichnung von g_{ij} als metrischer Tensor.
Im vorhergehenden Abschnitt wurde g_{ij} über das Skalarprodukt der Basisvektoren $\mathbf{b}_i$ und $\mathbf{b}_j$ definiert (Gleichung (1.8)). In der speziellen Relativitätstheorie definiert man allerdings die $g_{ij} := \eta_{ij}$. Diese Definition wird sich als geeignet herausstellen. In der Allgemeinen Relativitätstheorie (ART) muss man die g_{ij} i. Allg. über die Feldgleichungen bestimmen.
Die Bedeutung der Tensoren und des Rechnens mit ihnen liegt einfach darin, dass viele physikalische Größen Tensoren sind. Dies ist auch gut so, da ein physikalisches Gesetz, das durch Tensoren ausgedrückt wird, **forminvariant** (kovariant) unter einem Wechsel des Koordinatensystems ist. [11]
Grundlegende physikalische Gesetze sollten dieses Verhalten zeigen, da im 'leeren' Raum jedes KS gleichberechtigt sein muss.
Unter der Forminvarianz ist folgendes zu verstehen: Angenommen man hat 3 physikalische Größen $\mathbf{A}, \mathbf{B}$ und $\mathbf{C}$ wobei $\mathbf{A}$ ein Tensor der Stufe zwei sei und die beiden anderen jeweils Tensoren der Stufe eins seien. Wir führen nun ein KS ein und stellen z. B. fest, dass in diesem KS die Beziehung $A_{ij} = B_i C_j$ gilt. Geht man nun in ein anderes Koordinatensystem KS', so hängen die neuen Koordinaten x'_i von den alten Koordinaten x_i ab, formal $x'_i = x'_i(x_1, \ldots, x_n)$ und die in KS gefundene Beziehung zwischen A, B und C bleibt erhalten und drückt sich dann im neuen KS$'$ wie folgt aus: $A'_{ij} = B'_i C'_j$. Denn:

$$A'_{ij} = \frac{\partial x^k}{\partial x'^i}\frac{\partial x^l}{\partial x'^j}A_{kl} = \frac{\partial x^k}{\partial x'^i}B_k\frac{\partial x^l}{\partial x'^j}C_l = B'_i C'_j$$

Die Form des Gesetzes bleibt also unverändert. Demnach sind physikalische Gesetze, die ausschließlich aus tensoriellen Größen aufgebaut sind, forminvariant (kovariant) unter Koordinatentransformationen. Neben tensoriellen Größen spielen sogenannte Spinoren eine wichtige Rolle in der Physik. Spinoren zeigen zwar ein anderes, aber ebenfalls ein einheitliches Transformationsverhalten unter einem Wechsel des Bezugssystems.
Zum Umgang mit Tensoren dient abschließend noch das folgende Beispiel: Angenommen man hat zwei Tensoren A^i und B^i. Nun soll gezeigt werden, dass die skalare Größe $A^i B_i$ gleich der skalaren Größe $A_i B^i$ ist. Hierzu geht man folgendermaßen vor:

$$A^i B_i = g^{ji} A_j B_i = A_j g^{ij} B_i = A_j B^j \tag{1.14}$$

[10] Man beachte: die g_{ij} hängen i. Allg. vom Ort ab.
[11] Damit ist es auch forminvariant unter Koordinatentransformationen.

Dabei sind die Indizes im metrischen Tensor **g** unterschiedlich zu wählen. So sollte man sich vor folgender Schreibweise hüten:

$$A^i = g^{ii} A_i \tag{1.15}$$

Diese führt zu falschen Ergebnissen, wenn die linke Seite wie folgt aufgefasst wird: $g^{ii} A_i = g^{00} A_0 + \ldots + g^{33} A_3$. Dies wird man aber wegen der Summenkonvention blind tun. Damit steht aber auf der rechten Seite von (1.15) keine indizierte Größe mehr, sodass (1.15) nicht gelten kann. Richtig wäre gewesen: $g^{ii} A_i = g^{i0} A_0 + \ldots + g^{i3} A_3$. Am besten ist aber die Vermeidung von (1.15). Dies taten wir auch in (1.14).

1.3 Nichttensorielle Größen

Wir werden insbesondere in der Allgemeinen Relativitätstheorie indizierte Größen kennenlernen, die keine Tensoren sind. Allerdings wird man die Operation des Herauf- bzw. des Herunterziehens der Indizes durch den metrischen Tensor auch bei solchen Größen beibehalten. Ist also N_i eine solche nichttensorielle Größe, so gilt: $N^i := g^{ij} N_j$.

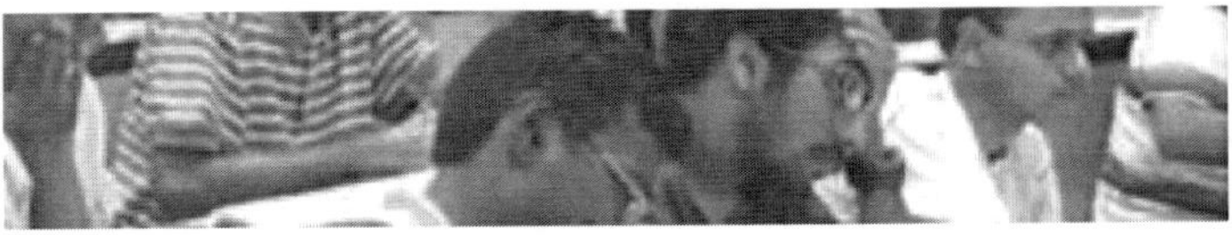

1.4 Übungsaufgaben zur Tensorrechnung

Aufgabe 1) ∂_i bezeichne $\frac{\partial}{\partial x_i}$, wobei $i \in \{1, 2, 3\}$. Berechnen Sie:
a) $\partial_i x^i$
b) $\eta_{ij}\eta^{ij}$ (η aus (1.11))

Aufgabe 2) Das Skalarprodukt des Vektors $\mathbf{x}$ ergibt sich mittels der ko- und kontravarianten Vektoren x_i und x^i über $x_i x^i$. Wie nennt man die ko- und kontravarianten Vektoren in der Quantenmechanik?

Aufgabe 3) Ein zweidimensionaler Vektorraum wird durch die Basisvektoren $b_1 = (1, 0)$ und $b_2 = (1, 1)$ aufgespannt. Berechnen Sie die Fundamentalmatrix g_{ij}.

Aufgabe 4) Die Fundamentalmatrix ist gegeben durch (1.11). Der Vektor x_μ ist gegeben durch $x_\mu = (1, 2, 3, 4)$. Berechnen Sie x^μ.

Aufgabe 5) Warum ist es wenig sinnvoll, in einem Euklidschen Vektorraum mit der Einheitsmatrix als Fundamentalmatrix (kartesische Koordinaten) von ko- und kontravarianten Vektoren zu sprechen?

Kapitel 2

Grundlagen der Speziellen Relativitätstheorie

Neben den **Ereignissen** stehen im Zentrum der SRT die sogenannten **Lorentztransformationen**, da diese, der Beobachtung folgend, die Lichtgeschwindigkeit c unverändert lassen. Daher wird am Anfang dieses Kapitels eine spezielle Lorentztransformation hergeleitet, um anschließend die Auswirkungen dieser Transformation auf räumliche und zeitliche Abstände zwischen unterschiedlichen Ereignissen zu untersuchen. Daran anschließend wird die mathematische Struktur der Lorentztransformationen genauer unter die Lupe genommen. Mithilfe des Konzepts der **Lorentztensoren** und der **Eigenzeit** wird die relativistische Mechanik eingeführt, die fast nebenbei die berühmte Formel $E = mc^2$, also die Äquivalenz von Energie E und Masse m, liefert. Das Kapitel schließt mit (i) der Einführung des **Energie-Impuls-Tensors** mithilfe der relativischen Verallgemeinerung der Eulergleichung, (ii) der forminvarianten Darstellung der **Maxwell-Gleichungen** sowie (iii) der relativistischen Erweiterung des **Lagrangeformalismus** auf ein freies Teilchen und auf ein geladenes Teilchen im elektrischen Feld.

2.1 Zur Notation

Es gilt weiterhin die Einsteinsche Summenkonvention. Dabei legen wir aber fest, dass über lateinische Indizes $(i, j, \ldots)$ von 0 bis 3 summiert wird, während über griechische Indizes $(\alpha, \beta, \ldots)$ nur von 1 bis 3 summiert wird. Das Symbol η bezeichnet weiterhin die Matrix in (1.11). Man sollte sich außerdem nicht verwirren lassen, wenn in den folgenden Abschnitten die doch recht ausführlich behandelte Tensorrechnung kaum zur Geltung kommt. Der Abschnitt 'Lorentztensoren' und die gesamte Allgemeine Relativitätstheorie werden diese Bemühungen nachträglich rechtfertigen. Außerdem werden in den meisten Fällen die Einheiten wie Meter und Sekunde der Übersicht wegen weggelassen.

2.2 Das Ereignis

Als Ereignis wird in der Physik ein Geschehen bezeichnet, was an einem bestimmten Ort zu einem bestimmten Zeitpunkt passiert. Daher lässt sich dem Ereignis in einem zugrundeliegenden Koordinatensystem eindeutig die Koordinaten (t, x, y, z) zuordnen. In einem anderen Koordinatensystem werden dem Ereignis natürlich i. Allg. andere Koordinatenwerte zugeordnet. Das Ereignis selbst ist zwar etwas Reales, stellt aber keinen Tensor dar, auch wenn die Koordinaten eines Ereignisses in der speziellen Relativitätstheorie, dank ihres Transformationsverhaltens bezüglich linearer Transformationen, als Tensoren (genauer: Lorentztensoren) angesehen werden dürfen.

2.3 Maßstäbe

Um zeitliche und räumliche Abstände zu messen, benötigt man Uhren und Maßstäbe. Greifen wir uns eine Uhr heraus, deren Einheit gerade die uns bekannte Sekunde ist. Diese Uhr ist dann ein Maß für die real vergangene Zeit. Alle Zeitangaben, wie z. B. Zeitdifferenzen zweier Ereignisse, werden im Folgenden auf diese Uhr bezogen. Weiterhin greifen wir uns einen Maßstab heraus, dessen Länge unserem Meter gleicht, um mit diesem räumliche Abstände zu messen. Dabei halte man sich immer vor Augen, dass unsere Uhr, mit der wir die Zeit messen wollen, und unser Maßstab, über den wir räumliche Abstände bestimmen, reale Dinge sind. Werden in Gedankenexperimenten mehrere Uhren bzw. Maßstäbe verwendet, so denke man sich die neu hinzugekommenen Uhren bzw. Maßstäbe als identische Duplikate. In der Speziellen Relativitätstheorie werden wir **Inertialsysteme** als bevorzugte (vierdimensionale) Koordinatensysteme kennenlernen. Diese sind kartesisch und haben gerade die Eigenschaft, dass die Einheiten der räumlichen Koordinatenachsen durch den obigen Maßstab und die Einheit der zeitlichen Koordinatenachse durch die obige Uhr festgelegt sind. Haben zwei Ereignisse E1 und E2 in einem Inertialsystem die Koordinaten E1: (t, x, y, z) und E2: (t', x', y', z'), so lässt sich der räumliche Abstand mittels $\Delta l = \sqrt{(x-x')^2 + (y-y')^2 + (z-z')^2}$ und der zeitliche Abstand mittels $\Delta t = t - t'$ berechnen. Im Allgemeinen, dass heißt bei beliebigen Koordinatensystemen, erhält man gewöhnlich keinen so einfachen Zusammenhang zwischen den Koordinaten und den realen räumlichen bzw. zeitlichen Abständen. Man kann sich dies leicht für den Fall von Polar- oder Kugelkoordinaten klar machen.

2.4 Lorentztransformationen

Ende des letzten Jahrhunderts glaubten die Physiker, dass der Raum durch eine Substanz, dem Äther, durchsetzt sei. Jede Geschwindigkeit sollte man dann gegenüber diesem Äther absolut messen können, so auch die Lichtgeschwindigkeit. Als ausgezeichnete Bezugssysteme wurden die Intertialsysteme IS aufgefasst, weil in ihnen die Naturgesetze eine besonders einfache Form annehmen. Als Inertialsysteme werden Systeme aufgefasst, die sich gegenüber dem Fixsternhimmel unbeschleunigt bewegen und in denen keine Gravitationkräfte vorhanden sind. Real wird es also Inertialsysteme nur näherungsweise geben können. Als die gültigen Koordinatentransformationen zwischen den Inertialsystemen wurden die **Galileitransformationen** angenommen:

$$x'^{\alpha} = a^{\alpha}_{\beta} x^{\beta} - v^{\alpha} t - a^{\alpha} \qquad t' = t - t_0.$$

Darin bedeutet die Matrix $a_{\alpha\beta}$ eine Drehung und der Vektor a^{α} eine konstante Verschiebung der beiden Systeme (zur Zeit $t = 0$).
Setzt man $t = x^0$, so kann man die letzte Gleichung auch wie folgt schreiben:

$$x'^i = A^i_j x^j + a^i \tag{2.1}$$

mit

$$A^i_j = \begin{pmatrix} 1 & 0 & 0 & 0 \\ -v^1 & a^1_1 & a^1_2 & a^1_3 \\ -v^2 & a^2_1 & a^2_2 & a^2_3 \\ -v^3 & a^3_1 & a^3_2 & a^3_3 \end{pmatrix}$$

und $a^i = (-t_0, -a^1, -a^2, -a^3)$.
Sieht man von einer Verdrehung der Inertialsysteme ab, die durch die Galileitransformationen verbunden sind, und fordert weiter $t' = t$ sowie $x'^{\alpha}(t = 0) = x^{\alpha}(t = 0)$ und $\vec{v} = (v, 0, 0)$, so ergibt sich die spezielle Galileitransformation:

$$x' = x - vt \qquad y' = y \qquad z' = z \qquad t' = t. \tag{2.2}$$

Hierbei wurde x mit x^1, y mit x^2 und z mit x^3 identifiziert, was wir noch öfter stillschweigend tun werden. Diese spezielle Transformation hat den Vorteil wesentlich übersichtlicher zu sein als (2.1).

Es wurde weiter angenommen, dass genau ein Inertialsystem IS$'$ vor allen anderen Inertialsystemen ausgezeichnet ist. In diesem sollte nämlich der Äther ruhen und sich das Licht exakt mit der Geschwindigkeit c ausbreiten. Dabei stellt c eine Naturkonstante dar, die in den Maxwellgleichungen auftritt und die Fortpflanzungsgeschwindigkeit einer elektromagnetischen Welle, also auch die des Lichts, festlegt. Bewegt sich nun ein Inertialsystem mit v relativ zu diesem zusätzlich ausgezeichneten System IS', so sollte man nach dem damaligen Kenntnisstand in dem neuen System eine Geschwindigkeit der Lichtausbreitung zwischen $c - v$ und $c + v$ messen.[1]

Dieser Auffassung standen aber gegen Ende des 19. Jahrhunderts zwei ernsthafte Einwände gegenüber:

- Die Messungen der Ausbreitungsgeschwindigkeit des Lichts ergab immer den Wert c, unabhängig von der Bewegung des Systems, indem die Messung durchgeführt wurde.
- Nach den obigen Erläuterungen wären die Maxwellgleichungen nur in dem Inertialsystem gültig, in dem der Äther ruht. Erstaunlicherweise erwiesen diese sich aber auf der Erde als exakt richtig, was eigentlich nicht sein dürfte, da die Erde sich auf einer Kreisbahn bewegt.

Aufgrund dieser zwei Punkte wurde die Äthertheorie fallen gelassen. Dies bedingt aber, dass man nur noch Relativgeschwindigkeiten messen kann und es unter allen IS kein ausgezeichnetes IS$'$ gibt.

Einstein war es nun, der diese Punkte als Ausgangspunkt für seine spezielle Relativitätstheorie aufnahm, indem er die folgenden beiden Forderungen aufstellte:

- Alle IS sind gleichwertig.
- Das Licht breitet sich in jedem IS mit der konstanten Geschwindigkeit c aus.

Man beachte, dass der letzte Punkt äquivalent zu der Forderung ist: Die Maxwellgleichungen gelten in allen IS exakt. Weiterhin sind beide Punkte logisch nicht unabhängig voneinander. Denn würde der zweite Punkt nicht gelten, so könnte man solche Inertialsysteme vor den Anderen auszeichnen, in denen die Lichtgeschwindigkeit den Wert c hat, da dieser Wert in den Maxwellgleichungen auftritt. Die beiden Punkte fasst man auch unter der Bezeichnung **Einsteinsches Relativitätsprinzip** zusammen.

[1]Das Intervall für die mögliche Lichtgeschwindigkeit rührt von der Abhängigkeit der Ausstrahlungsrichtung des Lichtes im neuen System.

Hieraus folgt, dass die Galileitransformationen nicht mehr die passenden Koordinatentransformationen zwischen den IS sein können, da diese den zweiten Punkt des Relativitätsprinzips unberücksichtigt lassen. Man muss daher nach neuen Koordinatentransformationen suchen, die dem zweiten Punkt gewissermaßen automatisch gerecht werden. Betrachten wir dazu die spezielle Galileitransformation aus Gleichung (2.2) und versuchen diese so abzuändern, dass damit die Lichtgeschwindigkeit in allen IS den Wert c hat. Machen wir dazu einen denkbar einfachen Ansatz:

$$x' = k(x - vt) \tag{2.3}$$

Hierin ist k ein Korrekturfaktor, der von der Relativgeschwindigkeit v abhängen darf. Also: $k = k(v)$.[2] Da alle Raumrichtungen gleichberechtigt sind, darf k nicht von der Richtung von v abhängen. Damit gilt insbesondere $k(-v) = k(v)$. Damit folgt aber aus der Galileitransformation $x = x' + vt'$

$$x = k(x' + vt') \tag{2.4}$$

Das Ziel ist es nun, k so zu bestimmen, dass die Konstanz der Lichtgeschwindigkeit nicht verletzt wird.
Man betrachtet also zwei Inertialsysteme IS und IS', die durch die Transformationen in (2.3) und (2.4) verbunden sind. Sie bewegen sich mit der Relativgeschwindigkeit $\vec{v} = (v, 0, 0)$ gegeneinander. Zum Zeitpunkt $t = 0$ in IS denke man sich, dass die Ursprünge beider Systeme zusammenfallen. Zu diesem Zeitpunkt werde auch die Uhr in IS$'$ auf Null gestellt, sodass auch $t' = 0$ gilt.
Zum selben Zeitpunkt wird nun ein Photon, vom zu dieser Zeit gemeinsamen Ursprung der beiden Inertialsysteme, in die x-Richtung ausgesendet. Nach der Zeitspanne $\Delta t = t$ wird das Photon in IS die Koordinaten $(x = ct, 0, 0)$ haben. Gewöhnlich faßt man die Raum- und Zeitkoordinaten zu einem sogenannten Vierertupel $(t, ct, 0, 0)$, dem Ereignis, zusammen. Im IS$'$ wird man diesem Ereignis den Raumzeitpunkt $(t', x' = ct', 0, 0)$ zuordnen, da sich das Photon auch in IS$'$ mit der Geschwindigkeit c fortpflanzen soll.
Nun kann man $x = ct$ und $x' = ct'$ in die beiden obigen Ansätze einsetzen. Dies ergibt: $ct' = k(c-v)t$ und $ct = k(c+v)t'$. Durch Multiplikation beider Gleichungen erhält man:

$$c^2tt' = tt'k^2c^2(1 - \frac{v^2}{c^2})$$

[2] Dass k nicht von x und t abhängen kann, sollte klar sein.

und somit

$$k = \frac{1}{\sqrt{1 - \frac{v^2}{c^2}}}$$

Dabei wurde die negative Lösung nicht berücksichtigt, da $k(v)$ für $c \longrightarrow \infty$ den Wert 1 annehmen sollte[3], weil in diesem Grenzfall die Galileitransformationen offensichtlich wieder die geeigneten Transformationen sind. Geeignet heißt hier: dem Einsteinschen Äquivalenzprinzip gehorchend. Nun ist noch der Zusammenhang zwischen t und t' offen. Naiv könnte man denken, dass $t = t'$ ist, was aber nicht der Fall ist. Betrachten wir wieder die Gleichungen (2.3) und (2.4). Löst man die Gleichung (2.3) nach x auf und setzt dies in die Gleichung (2.4) ein, so ergibt sich mithilfe der Identität $(1 - \frac{1}{k^2}) = \frac{v^2}{c^2}$:

$$t = k(t' + \frac{v}{c^2}x'). \tag{2.5}$$

Analog erhält man:

$$t' = k(t - \frac{v}{c^2}x) \tag{2.6}$$

Abschließend stellt sich die Frage, in welchem Zusammenhang die Koordinaten y' und z' mit y und z stehen. Nach unserer Konstruktion der beiden Inertialsysteme sollte nach den Galileitransformationen $y' = y$ und $z' = z$ gelten. Führen wir wieder einen Korrekturfaktor h für die erste Beziehung ein, also $y' = hy$ und analog zu oben $y = hy'$, so ergibt sich sofort: $h^2 = 1$ und damit $h = 1$. Entsprechendes gilt für z.
Damit haben wir eine geeignete Transformation, die sogenannten **Lorentztransformation** (LT), bestimmt:

$$x'^i = \Lambda^i{}_j x^j \qquad (i = 0, \ldots, 3) \tag{2.7}$$

wobei Λ als

$$\Lambda^i{}_j = \begin{pmatrix} k & -k\frac{v}{c} & 0 & 0 \\ -k\frac{v}{c} & k & 0 & 0 \\ 0 & 0 & 1 & 0 \\ 0 & 0 & 0 & 1 \end{pmatrix} \tag{2.8}$$

geschrieben werden kann, falls x^0 stellvertretend für ct steht.[4] [5]

[3] Äquivalent hierzu ist: $k(v) = 1$ für v gegen Null.

[4] Man beachte, dass wir zwischen $\Lambda^i{}_j$ und $\Lambda_j{}^i$ unterscheiden. Mit $\Lambda_j{}^i$ transformieren sich gerade die kovarianten Lorentzvektoren, wie beispielsweise x_i

[5] Grundsätzlich gilt die Linearität für Lorentztransformationen, was eine Folge der Isotropie des Raumes und der Zeit ist. Wären nämlich die Transformationen beispielsweise quadratisch, so wären ganz gewiss nicht alle Punkte des Raumes gleichberechtigt.

2.5 Ruhende und bewegte Maßstäbe

Man stelle sich nun ein Inertialsystem IS vor, in dem ein Stab ruht und dessen Länge gerade l_o betragen soll. Der Stab wird beispielsweise entlang der x-Achse angelegt, sodass das linke Ende des Stabes im Ursprung liegt. Damit hat der Stab die räumlichen Koordinaten $(0, 0, 0)$ für das linke Ende und $(l_o, 0, 0)$ für das rechte Ende. Dies gilt dann für alle Zeiten, da der Stab ruht.
Wir betrachten den Sachverhalt aus einem Inertialsystem IS', das sich mit v entlang der x-Achse nach rechts bewegt, wobei die Ursprünge beider Systeme IS und IS$'$ zu den Zeiten $t = 0$ bzw. $t' = 0$ zusammenfallen. Der Stab bewegt sich dann mit der Geschwindigkeit $-v$ in IS'. Die Länge des Stabes wird in IS$'$ folgendermaßen bestimmt: Zwei Beobachter in IS$'$ müssen zur gleichen Zeit t' die Position des linken und des rechten Endes des Stabes auf der x'-Achse makieren. Wird willkürlich $t' = 0$ gewählt, so ergeben sich die beiden Ereignisse:

- Ereignis 1: Der Stabanfang (linkes Ende) passiert einen Beobachter in IS$'$ zur Zeit $t' = 0$ an der Position $x' = x'_1 = 0$, da zu dieser Zeit die Ursprünge beider Inertialsysteme zusammenfallen und das linke Ende des Stabes im Ursprung von IS liegt.

- Ereignis 2: Das Stabende passiert den anderen Beobachter in IS$'$ zur Zeit $t' = 0$ an der Position $x' = x'_2$.

Diese beiden Ereignisse haben dann in IS$'$ und in IS die Koordinaten:

$$\text{Ereignis 1: IS': } (t'_1 = 0, x'_1 = 0, 0, 0) \qquad \text{IS: } (t_1 = 0, x_1 = 0, 0, 0) \tag{2.9}$$

$$\text{Ereignis 2: IS': } (t'_2 = 0, x'_2, 0, 0) \qquad \text{IS: } (t_2, x_2 = l_o, 0, 0) \tag{2.10}$$

Die noch unbestimmten Koordinaten x'_2, t_2 können nun mithilfe der Lorentztransformation berechnet werden.
Wegen $t'_2 = 0$ ergibt sich: $x_2 = l_o = k(x'_2 + vt'_2) = kx'_2$. Also: $x'_2 = l_o/k$. Somit erhält man für die gemessene Länge $l' = x'_2$ des mit $-v$ bewegten Einheitsstabes in IS':

$$\boxed{l' = l_o\sqrt{1 - \frac{v^2}{c^2}}}$$

Wird nun der Stab in IS$'$ so abgebremst, dass er in diesem System zur Ruhe kommt, so hat er dort die Länge l_o. Dann würde der Stab sich aber in IS mit der Geschwindigkeit v bewegen, sodass man in IS die Länge l' messen würde.

Man stellt also fest: Bewegte Maßstäbe sind um den Faktor k^{-1} verkürzt. Diese Verkürzung wird **Lorentzkontraktion** genannt und ist ein Resultat der Lorentztransformationen in Verbindung mit der sinnvollen Messvorschrift.

Man beachte dabei, dass z. B. der Beobachter in IS sich nicht darüber wundern muss, dass der Beobachter in IS′ ein anderes Ergebnis für die Länge des Stabes erhält. Zwei Ereignisse, die für einen Beobachter in IS′ gleichzeitig sind, in unserem Fall waren dies gerade die oben aufgeführten Messungen zur Bestimmung der Stablänge, sind i. Allg. in einem anderen IS nicht mehr gleichzeitig. Die Zeit t_2 des 2. Ereignisses in (2.10) ergibt sich nämlich mithilfe der Gleichung (2.5) zu $t_2 = \frac{v}{c^2} l_o$, während $t_1 = 0$ war. Damit interpretiert der Beobachter in IS die Messung des Beobachters in IS′ wie folgt: Zum Zeitpunkt $t = 0$ wird in IS′ die Position des linken Stabendes bestimmt und zum späteren Zeitpunkt $t = \frac{v}{c^2} l_o$ die Position des rechten Endes. Für den Beobachter in IS ist daher die Messung des Beobachters in IS′ zur Bestimmung der Stablänge nicht korrekt.

Dies zeigt aber, dass die Gleichzeitigkeit zweier Ereignisse keine absolute Bedeutung mehr hat, sondern vielmehr vom Bezugssystem abhängt.

Hierzu müssen noch zwei wichtige Punkte erwähnt werden:

1. Maßstäbe, die senkrecht zur Bewegungsrichtung ausgerichtet sind, unterliegen keiner Lorentzkontraktion.

2. Am realen dreidimensionalen Körper ist die Längenkontraktion nicht direkt sichtbar. Vielmehr erscheint der bewegte Körper gedreht.

Zum letzten Punkt stelle man sich einen Würfel vor, dessen Seitenlänge (im Ruhesystem gemessen) gerade die Länge l_o hat. Der Würfel flöge nun an uns mit der Geschwindigkeit v, von links kommend, vorbei. Das Licht benötigt von der hinteren linken Kante des Würfels gerade die Zeit $\Delta t = l_o/c$, bis es die Linie erreicht hat, auf der sich die vordere linke Kante bewegt. Während dieser Zeit hat der Würfel sich aber schon um die Strecke $v\Delta t = l_o \frac{v}{c}$ weiterbewegt. Das Bild in unserem Kopf wird sich nun aus Lichtstrahlen zusammensetzen, die gleichzeitig in unser Auge fallen. Man sieht daher die linke Seitenfläche der Kantenlänge l_o auf den Streckenzug der Länge $l_o \frac{v}{c}$ projiziert und somit um den Winkel α zu uns hin gedreht, wobei $\sin\alpha = \frac{l_o \frac{v}{c}}{l_o} = \frac{v}{c}$ ist (vgl. Abbildung 2.1). Wird aber die linke Seitenfläche um α gedreht, so ist es naheliegend anzunehmen, dass der ganze Würfel um den Winkel α gedreht wird. Damit wird aber die zu v parallele Frontkante nur noch die Länge $l' = l_o \cos\alpha = l_o \sqrt{1 - \sin^2\alpha} = l_o \sqrt{1 - v^2/c^2}$ haben, wenn l' die Projektion der gedrehten Vorderkante in ihre ungedrehte Richtung darstellt. Dies entspricht aber gerade der Lorentzkontraktion, sodass die Annahme der Drehung des gesamten Würfels berechtigt war.

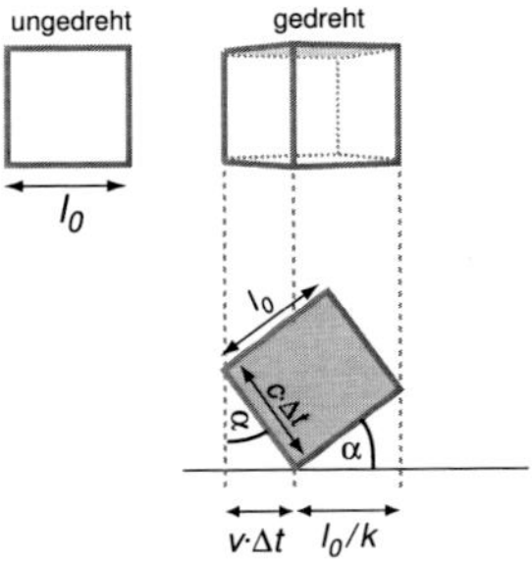

Abbildung 2.1: Lorentzkontraktion im Dreidimensionalen: Links: Frontale Draufsicht auf den ruhenden Würfel. Rechts oben: Sicht auf den gedrehten Würfel aus einiger Entfernung ($\gg l_o$). Rechts unten: Draufsicht von oben auf den um den Winkel $\alpha = \sin^{-1}(v/c)$ gedrehten Würfel. Aus dem Text geht hervor, dass ein Beobachter aus einiger Distanz den sich mit v bewegenden Würfel als gedreht wahrnimmt.

2.6 Addition von Geschwindigkeiten

Als Ausgangspunkt dient wieder die Situation: Ein Inertialsystem IS′ bewegt sich in Richtung der x-Achse mit der konstanten Geschwindigkeit v relativ zu einem anderen Inertialsystem IS von links nach rechts. Nun denke man sich aber noch zusätzlich einen Körper, dessen Geschwindigkeit (in IS′ gemessen) gerade den konstanten Wert u hat, wobei seine Bewegungsrichtung mit der von IS′ übereinstimmt (bezogen auf IS). Es stellt sich damit die Frage, welche Geschwindigkeit für den Körpers in IS gemessen wird.

Wären die Galileitransformationen die gültigen Transformationen, so würde die Antwort lauten: $u_{\text{IS}} = v + u$, was auch der alltäglichen Erfahrung entspricht. Nun sind die Galileitransformationen aber nicht (oder nur näherungsweise für $v \ll c$) die gültigen Transformationen, um zwei Inertialsysteme miteinander zu verknüpfen. Vielmehr müssen die Lorentztransformationen zur Beantwortung der Frage benutzt werden.

Um die Rechnung einfach zu gestalten, werden die gleiche Annahmen wie schon in den Abschnitten zuvor gemacht, nämlich dass sich beide Inerti-

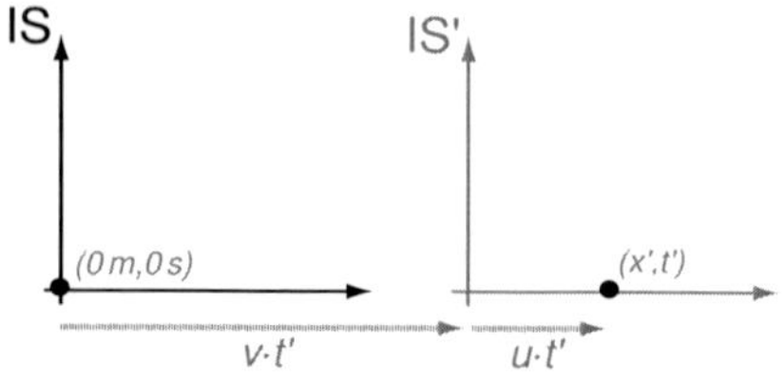

Abbildung 2.2: Addition von Geschwindigkeiten: Die Geschwindigkeit u_{IS} des Körpers im System IS ergibt sich nicht durch einfache Addition der Geschwindigkeiten u und v.

alsysteme in ihren Ursprüngen treffen und mit diesem Ereignis die Uhren beider Inertialsysteme auf null gestellt werden. Weiterhin befinde sich der Körper zu diesem Zeitpunkt gerade im Ursprung von IS′ und damit auch im Ursprung von IS. Die letzte Annahme hat zur Folge, dass sich die Geschwindigkeit u_{IS} des Körpers in IS wie folgt schreiben lässt: $u_{IS} = \frac{x-x(t=0)}{t-0} = \frac{x}{t}$. Mithilfe von

$$x' = ut' \tag{2.11}$$

und (2.6) kann die Transformation (2.4) wie folgt umgeformt werden:

$$x = k(x' + vt') = kt'(u + v) = k^2(t - \frac{v}{c^2}x)(u + v) = k^2t(1 - \frac{vx}{c^2t})(u + v)$$

Teilt man dies durch t so erhält man mit $u_{IS} = \frac{x}{t}$:

$$u_{IS} = k^2(1 - \frac{v}{c^2}u_{IS})(u + v).$$

Eine einfache Rechnung ergibt einen etwas kompakteren Ausdruck für u_{IS}:

$$\boxed{u_{\text{IS}} = \frac{u + v}{1 + \frac{uv}{c^2}}}$$

Dies ist das Resultat der Addition von Geschwindigkeiten für den speziellen Fall $v \| u$. Man erkennt, dass für $c \longrightarrow \infty$ der klassische Fall eintritt, sich also die Geschwindigkeiten einfach addieren. Dies muss auch so sein, weil sich die Lorentztransformationen für $c \longrightarrow \infty$ auf die klassischen Transformationen, die Galileitransformationen, reduzieren.
Weiterhin stellt man fest, dass man durch schrittweise Addition von Geschwindigkeiten niemals die Lichtgeschwindigkeit c erreicht. Die Lichtgeschwindigkeit c stellt also eine Grenzgeschwindigkeit dar.

2.7 Das Wegelement Δs

Wir hatten im letzten Abschnitt gesehen, dass die Länge eines Stabes, also der räumliche Abstand $\Delta l = \sqrt{\Delta x^2 + \Delta y^2 + \Delta z^2}$ zweier Ereignisse E1: (t_1, x_1, y_1, z_1) und E2: (t_2, x_2, y_2, z_2), keine Invariante mehr ist.[6] Das heißt, Δl ist abhängig vom verwendeten Inertialsystem. Dies ist eine völlig neue Erkenntnis und uns nur deshalb nicht geläufig, weil im alltäglichen Leben immer $v \ll c$ ist.[7] Daher sollte unsere Vorschrift Abstände zu bestimmen, neu definiert werden und zwar gerade so, dass dieser neue Abstandsbegriff Δs in jedem IS den gleichen Wert annimmt und damit eine Invariante darstellt. Diese Forderung erfüllt gerade das wie folgt definierte Abstandsmaß:[8]

$$(\Delta s)^2 := c^2\Delta t^2 - \Delta l^2 = c^2(t_2 - t_1)^2 - (x_2 - x_1)^2 - (y_2 - y_1)^2 - (z_2 - z_1)^2 =$$
$$= \eta_{ij}\Delta x^i \Delta x^j$$

Das Abstandsmaß wird auch als Wegelement bezeichnet. Die Invarianz von Δs unter Lorentztransformationen lässt sich für die beiden oben angegebenen Ereignisse E1 und E2 leicht nachprüfen (Gleichungen (2.9) und (2.10)).
Hieran erkennt man, dass in der Relativitätstheorie der Raum und die Zeit jeweils für sich betrachtet keine absolute Bedeutung mehr haben. Vielmehr bilden Raum und Zeit eine Einheit, die sich im raumzeitlichen Abstandsmaß Δs zwischen zwei Ereignissen widerspiegelt.[9] Diese 'Vermählung' zwischen Raum- und Zeitkoordinaten liefert auch die Rechtfertigung dafür, den physikalischen Raum als vierdimensional anzusehen.
Der neue Abstandsbegriff Δs wurde von dem Mathematiker Minkowski entdeckt, und erlaubt, die Lorentztransformationen auf eine neue Weise zu definieren. So sind die Lorentztransformationen $\{\Lambda\}$ gerade die Transformationen, die das Wegelement Δs unverändert lassen.
Formal bedeutet dies: In einem Inertialsystem IS haben die Koordinaten zweier Ereignisse E1: (t_1, x_1, y_1, z_1) und E2:(t_2, x_2, y_2, z_2) gerade den (raumzeitlichen) Abstand Δs. In einem anderen Inertialsystem IS′ haben die selben Ereignisse nun die Koordinaten E1: $(t_1', x_1' y_1', z_1')$ und E2: (t_2', x_2', y_2', z_2'). Dabei sind die Koordinaten aus IS und IS′ durch eine Lorentztransformation $\Lambda_{(IS\to IS')}$ verknüpft. Dann ist aber das in IS′ gemessene Wegelement

[6] Bezogen auf ein IS.
[7] Die Geschwindigkeit v ist wie immer die Relativgeschwindigkeit.
[8] Die Indizes i und j laufen von 0 bis 3, η aus (1.11).
[9] Hinweis: Kann man zwei Ereignisse durch ein Lichtsignal verbinden, so ist offenbar ihr raumzeitlicher Abstand gleich null.

$\Delta s'$ gerade gleich dem in IS Δs.

2.8 Lorentztransformationen - Drehung im 4D Raum

Während sich der (räumliche) Abstand $\Delta l = \sqrt{\Delta x^2 + \Delta y^2 + \Delta z^2}$ im euklidschen Raum unter einer Drehung nicht ändert und damit eine Invariante darstellt, gilt dies i. Allg. nicht mehr unter den Lorentztransformationen. Allerdings rückt nun an die Stelle von Δl gerade Δs. Setzt man $x^0 = ct, x^1 = ix, x^2 = iy, x^3 = iz$ mit $i^2 = -1$, so lässt sich das Wegelement wie folgt schreiben: $(\Delta s)^2 = (\Delta x^0)^2 + (\Delta x^1)^2 + \ldots + (\Delta x^3)^2$. Wegen der Invarianz von Δs unter Lorentztransformationen lassen sich diese als Drehung im vierdimensionalen Raum (Minkowskiraum) auffassen. Betrachten wir zur Veranschaulichung wieder die spezielle Lorentztransformation (2.7):

$$\underbrace{x'}_{=x'^1} = k(x - vt) \qquad \underbrace{ct'}_{=x'^0} = k(ct - \frac{v}{c}x)$$

Mit $\tanh(\alpha) := \frac{v}{c}$ kann die letzte Beziehung wie folgt umgeschrieben werden:

$$x' = x\cosh\alpha - ct\sinh\alpha$$

$$ct' = ct\cosh\alpha - x\sinh\alpha$$

Damit bleibt nämlich das Wegelement unter Lorentztransformationen unverändert:

$$(\Delta s')^2 = c^2\Delta t'^2 - \Delta x'^2 = c^2\Delta t^2(\cosh^2\alpha - \sinh^2\alpha) - \Delta x^2(\cosh^2\alpha - \sinh^2\alpha)$$

$$= c^2\Delta t^2 - \Delta x^2 = (\Delta s)^2$$

Wegen $\cosh\alpha = \cos(i\alpha)$ und $\sinh\alpha = i \cdot \sin(i\alpha)$ ergibt sich:

$$x'^1 = x^1\cos(i\alpha) + x^0\sin(i\alpha)$$

$$x'^0 = x^0\cos(i\alpha) - x^1\sin(i\alpha) \tag{2.12}$$

Hieran lässt sich ablesen, dass die spezielle Lorentztransformation (2.7) eine Drehung in der komplexen Ebene mit imaginärem Winkel darstellt.
Man kann weiterhin den durch die spezielle Lorentztransformation beschriebenen Übergang von einem IS zu einem anderen IS′ mit sogenannten **Minkowskidiagrammen** beschreiben. Wichtig ist dabei, dass zum Zeitpunkt $t = 0$ beide Inertialsysteme im Ursprung zusammenfallen ($t' =$

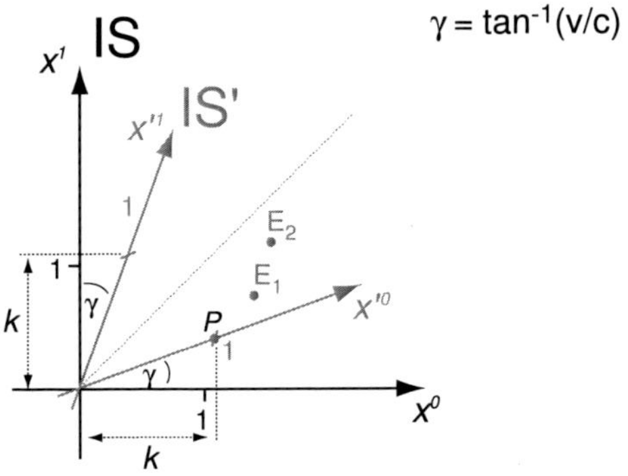

Abbildung 2.3: Minkowskidiagramme: Die Achsen des 'bewegten' IS′ sind um den Winkel $\gamma = \tan^{-1}(v/c)$ hin zur Weltlinie des Lichtes gedreht.

$0, x = 0, x' = 0$). Das Inertialsystem IS wird durch ein kartesische Koordinatensystem mit den Achsen $x^0 = ct$ und $x^1 = x$ dargestellt. Ein Lichtsignal, das vom Ursprung dieses IS ausgestrahlt wird, bewegt sich dann gerade entlang der 1. Winkelhalbierenden (hier wird als Längeneinheit eine Lichtsekunde gewählt).
Die Koordinatenachsen des IS′ lassen sich dann wie folgt in dieses IS eintragen: Der Ursprung von IS′ liegt nach der oben gemachten Bemerkung im Ursprung von IS. Für alle Ereignisse, die auf der x'^0-Achse liegen, gilt natürlich $x'^1 = 0$. Aus (2.12) folgt damit: $x'^0 = x^0[\cos(i\alpha) + \sin(i\alpha)]$. Bewegt sich IS′ relativ zu IS mit beispielsweise $v = \frac{2}{5}c$, so erhält man $\alpha = \tanh^{-1}(2/5) \approx 0.423$. Mit diesem Wert für α und $x^0 = 1$ ergibt sich $x'^0 \approx 1.09 + i \cdot 0.44$. Diese komplexe Zahl stellt in IS den Punkt $P(x^0 = 1.09|x^1 = 0.44)$ dar. In IS′ stellt dieser Punkt gerade den Achsenabschnitt $x'^0 = 1; x'^1 = 0$ dar. Somit hat man sowohl die Richtung der x'^0-Achse als auch die Einheitsstrecke in IS′ bestimmt. Analog geht man bei der Konstruktion der x'^1-Achse vor. In Abbildung 2.3 ist das so konstruierte IS′ ($v = 2/5c$) dargestellt.

Zusätzlich geht aus der Abbildung hervor, dass die Konstruktion der Achsen von IS′ auch etwas einfacher durchgeführt werden kann: Die Richtung der Achsen wird durch den Winkel $\gamma = \arctan(v/c)$ festgelegt. Dies wird beispielsweise für die x'^0-Achse klar, wenn man beachtet, dass der (räumliche) Ursprung von IS′ sich aus Sicht des Systems IS auf der x'^0-

Achse bewegt. In IS kommt dieser Ursprung innerhalb einer Zeit t um vt entlang der x^1-Achse räumlich voran und um ct entlang der x^0-Achse zeitlich voran. Das Verhältnis beider Strecken (vt und ct) liefert gerade $\tan\gamma$ und somit gilt $\gamma = \arctan(v/c)$. Die Abbildung zeigt weiterhin, dass man die Einheitslängen von IS′ über den Streckungsfaktor $k = 1/\sqrt{1-(v/c)^2}$ erhält – der oben berechnete Wert 1.09... der x^0-Koordinate des Punktes P entspricht nämlich gerade dem Streckungsfaktor k mit $v = \frac{2}{5}c$. Werden nun zwei beliebige Punkte in ein Minkowskidiagramm eingetragen, so stellen diese gerade zwei Ereignisse dar, deren Koordinaten man direkt für IS als auch für IS′ ablesen kann. Beispielsweise finden die in die Abbildung 2.3 eingezeichneten Ereignisse E1 und E2 in IS′ gleichzeitig statt, nicht aber in IS. Kurzum: Die derart konstruierten Minkowskidiagramme erfüllen automatisch die Postulate der speziellen Relativitätstheorie.

2.9 Gruppen der Lorentztransformationen

Bisher haben wir zwar für die Lorentztransformationen schon allgemein gültige Definitionen angegeben, indem wir gewisse Forderungen an diese gestellt hatten und sagten: werden diese Forderungen durch Transformationen erfüllt, so nennt man diese Lorentztransformationen.
Besonderes Interesse haben wir aber bislang nur einer ganz speziellen Lorentztransformation zukommen lassen, die allerdings geeignet war, wichtige Resultate der speziellen Relativitätstheorie aufzuzeigen. Nun soll etwas näher auf die Struktur der Lorentztransformationen eingegangen werden. Dazu ist es sinnvoll, von folgender Definition auszugehen:
Die Koordinatentransformation P nennt man Lorentztransformation, wenn mit

$$P : x'^i = P^i{}_j x^j := \Lambda^i{}_j x^j + b^i \tag{2.13}$$

folgende Bedingung erfüllt ist:

$$\Lambda^i{}_j \Lambda^k{}_l \eta_{ik} = \eta_{jl} \qquad \text{oder übersichtlicher: } \Lambda^{\mathrm{T}} \eta \Lambda = \eta \tag{2.14}$$

Der Vektor b^i ist dabei eine einfache Verschiebung.
Tatsächlich ist dies gar keine neue Definition. Vielmehr ist (2.14) äquivalent zu der Forderung: $(\Delta s)^2 = (\Delta s')^2$. Man sieht dies wie folgt ein:

$$(\Delta s')^2 = \eta_{ij} \Delta x'^i \Delta x'^j = \eta_{ij} \Lambda^i{}_k \Lambda^j{}_l \Delta x^k \Delta x^l = n_{ij} \Delta x^i \Delta x^j = (\Delta s)^2$$

Ist nun $b^i = 0$ für $i = 0, \ldots, 3$, so ist $P = \Lambda$ und man nennt die Lorentztransformation homogen. Andernfalls bezeichnet man P als inhomogen.

Werden nun zwei Lorentztransformationen P und P' hintereinander ausgeführt, so ergibt sich mit

$$x' = \Lambda x + b \qquad x'' = \Lambda' x' + b'$$

und unter Beachtung der symbolischen Schreibweise:

$$P'' : x'' = \Lambda'' x + b'' \qquad \text{mit: } \Lambda'' = \Lambda'\Lambda \quad \text{und} \quad b'' = b' + \Lambda' b. \tag{2.15}$$

Mittels (2.15) ergibt sich:

$$\Lambda''^{\mathrm{T}} \eta \Lambda'' \overset{(2.15)}{=} \Lambda^{\mathrm{T}} (\Lambda'^{\mathrm{T}} \eta \Lambda') \Lambda = \Lambda^{\mathrm{T}} \eta \Lambda = \eta$$

Somit ist die Hintereinanderausführung P'' wieder eine Lorentztransformation und daher bildet die Menge der Lorentztransformationen mit der Matrizenmultiplikation als Verknüpfung eine Gruppe. Die noch notwendige Assoziativität überträgt sich aus der Matrizenrechnung und das Einselement ist die identische Transformation und weiterhin hat jede Lorentztransformation wegen $\det\Lambda \neq 0$ auch ein inverses Element.
Die Verknüpfung zweier Gruppenelemente und ihr Resultat lassen sich symbolisch auch wie folgt anschreiben:

$$\{\Lambda', b'\} \cdot \{\Lambda, b\} = \{\Lambda'\Lambda, b' + \Lambda' b\}$$

Man unterscheidet noch zwischen der Gruppe der homogenen Lorentztransformationen, der sogenannten Lorentzgruppe, und der Gruppe aller Lorentztransformationen, die als **Poincarégruppe** bezeichnet wird und somit die Lorentzgruppe beinhaltet.
Wegen

$$1 = \det \eta = \det(\Lambda^{\mathrm{T}} \eta \Lambda) = \det(\Lambda^{\mathrm{T}} \Lambda) \det(\eta) = \det(\Lambda)^2$$

gilt: $\det \Lambda = \pm 1$
Da weiterhin wegen $\Lambda^{\mathrm{T}} \eta \Lambda = \eta$

$$(\Lambda^0_0)^2 - (\Lambda^1_0)^2 - (\Lambda^2_0)^2 - (\Lambda^3_0)^2 = 1$$

gilt, muss Λ^0_0 entweder größer als 1 sein oder kleiner als -1. Damit kann man die Lorentzgruppe in vier Teile aufteilen, die untereinander durch stetiges Ändern der Parameter nicht ineinander überführt werden können:

- $L^{\uparrow}_{+}$: $\det\Lambda = 1$, $\mathrm{sgn}\Lambda^0_0 = 1$ (enthält die Identität[10])
- $L^{\uparrow}_{-}$: $\det\Lambda = -1$, $\mathrm{sgn}\Lambda^0_0 = 1$ (enthält Raumspiegelung $\mathrm{I}_s = \eta$)

[10]Der Operator sgn(x) liefert das Vorzeichen von x.

- $L_+^\downarrow$: detΛ=1, sgn$\Lambda_0^0 = -1$ (enthält Raumzeitumkehr I_{st})
- $L_-^\downarrow$: detΛ=-1, sgn$\Lambda_0^0 = -1$ (enthält Zeitumkehr $I_t = -\eta$)

Hiervon bildet allerdings nur $L_+^\uparrow$ eine Untergruppe zur Lorentzgruppe. Alle anderen Teile beinhalten nämlich nicht die Identität als neutrales Element. Weiterhin gilt:

$$\{I_s \cdot L : L \in L_-^\uparrow\} = L_+^\uparrow$$
$$\{I_t \cdot L : L \in L_-^\downarrow\} = L_+^\uparrow$$
$$\{I_{st} \cdot L : L \in L_+^\downarrow\} = L_+^\uparrow$$

Somit kann man mit $L_+^\uparrow$, I_s und I_t die gesamte Lorentzgruppe aufbauen. Abschließend sei noch erwähnt, dass alle Λ für die $\Lambda_0^0 \geq 1$ gilt, als 'orthochron' (zeitartig) bezeichnet werden. Falls det$\Lambda = 1$ gilt, so wird Λ als 'eigentlich' bezeichnet und mit 'orthochor' werden die Transformationen bezeichnet, für die $\mathrm{sgn}(\Lambda_0^0 \det \Lambda) = 1$ gilt.
Damit wird die Untergruppe $L_+^\uparrow$ zur eigentlich-orthochronen Lorentzgruppe. Diese Gruppe hat nun besondere Ähnlichkeit mit der dreidimensionalen Drehgruppe $\{\mathbf{D}, \cdot\}$. Eine beliebige Drehung $\mathbf{D} = \mathbf{D}(\alpha', \beta, \alpha)$ setzt sich aus drei einzelnen Drehungen zusammen. Sind die Winkel im Argument von $\mathbf{D}$ Eulerwinkel, so baut sich $\mathbf{D}$ wie folgt auf: Drehung mit α um die x-Achse, Drehung mit β um die z-Achse und erneutes Drehen mit α' um die x-Achse. Symbolisch geschrieben sieht das demnach wie folgt aus:

$$D(\alpha', \beta, \alpha) = D_x(\alpha')D_z(\beta)D_x(\alpha)$$

mit

$$D_x(\alpha) = \begin{pmatrix} 1 & 0 & 0 \\ 0 & \cos\alpha & \sin\alpha \\ 0 & -\sin\alpha & \cos\alpha \end{pmatrix}, D_z(\beta) = \begin{pmatrix} \cos\beta & \sin\beta & 0 \\ -\sin\beta & \cos\beta & 0 \\ 0 & 0 & 1 \end{pmatrix}$$

Ähnlich lassen sich nun die Elemente Λ der eigentlich orthochronen Lorentzgruppe erzeugen:

$$\Lambda = D'(\alpha', \beta', \gamma')\tilde{\Lambda}(t)D(\alpha, \beta, \gamma)$$

Die Transformation D wirkt nur auf die Raumkoordinaten und lässt die Zeitkoordinate unverändert. Der sogenannte **Lorentzboost** $\tilde{\Lambda}(t)$ stellt sich wie folgt dar:

$$\tilde{\Lambda}(t) = \begin{pmatrix} \cosh t & \sinh t & 0 & 0 \\ \sinh t & \cosh t & 0 & 0 \\ 0 & 0 & 1 & 0 \\ 0 & 0 & 0 & 1 \end{pmatrix}$$

Wird beispielsweise die Lorentztransformation Λ gesucht, die zwei Inertialsysteme IS und IS$'$ verbindet, wobei die Bewegungsrichtung beider Systeme relativ zueinander beliebig sein dürfen, die Achsen beider Systeme aber parallel sind, so führt man erst einmal ein Inertialsystem IS$''$ ein, das die Eigenschaft hat, dass es relativ zu IS ruht und durch eine reine Drehung $\mathbf{D}$ aus IS hervorgeht. Dabei legt man IS$''$ und damit die Drehung $\mathbf{D}$ dadurch fest, dass sich IS$'$ in IS$''$ entlang der x-Achse bewegt. Das gesuchte Λ setzt sich dann aus dem Lorentzboost $\tilde{\Lambda}$ und $\mathbf{D}$ wie folgt zusammen:

$$\Lambda = \bar{D}\tilde{\Lambda}D$$

Hierin bezeichnet $\bar{D}$ die inverse Matrix von D. Wären die Achsen der Systeme IS und IS$'$ nicht parallel, so hätte man $\bar{D}$ durch eine passende Drehung $\mathbf{O}$ zu ersetzen. $\mathbf{O}$ ist dann gerade die Drehung, die IS$''$ und IS$'$ verbindet.

2.10 Ereignisse und Kausalität

Durch die Invarianz des raumzeitlichen Abstands zweier Ereignisse, E1 und E2, kann man den Abstand Δs beider Ereignisse und damit auch die gegenseitige Lage zueinander wie folgt charakterisieren:

- $(\Delta s)^2 < 0$: raumartiger Abstand
- $(\Delta s)^2 = 0$: lichtartiger Abstand
- $(\Delta s)^2 > 0$: zeitartiger Abstand

Zur Interpretation dieser Einteilung ist es günstig, das Wegelement wie folgt zu schreiben:

$$(\Delta s)^2 = c^2(\Delta t)^2 - \underbrace{(V\Delta t)^2}_{:=(\Delta l)^2} = \Delta t^2(c^2 - V^2)$$

Ist also $\Delta s^2 < 0$, so muss $V > c$ sein. Die beiden Ereignisse sind zeitlich so nah, aber räumlich so weit entfernt, dass sie nur durch ein Überlichtgeschwindigkeitssignal und damit nicht kausal miteinander verbunden werden können. Oder anders gesagt: Sie können sich nicht gegenseitig beeinflussen, da es keinen Informationsaustausch mit der Überlichtgeschwindigkeit V gibt. Es ist indes immer möglich ein Inertialsystem IS$'$ zu finden, in dem die beiden Ereignisse gleichzeitig stattfinden. Hat man beispielsweise die zwei Ereignisse E1:[11] (t_1, x_1) und E2: (t_2, x_2) mit

[11] Die Koordinaten y und z werden hier der Einfachheit halber nicht berücksichtigt.

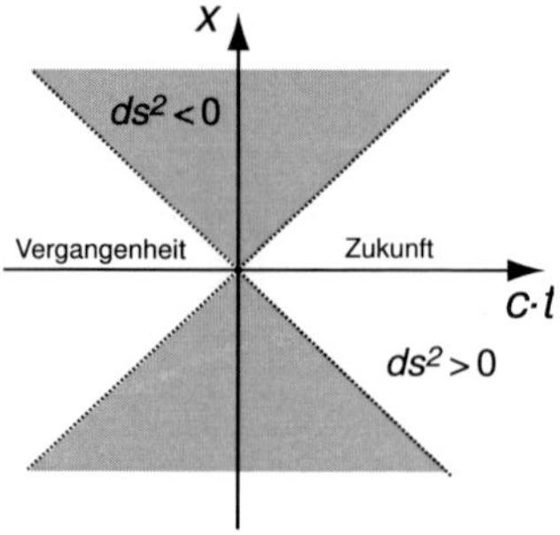

Abbildung 2.4: Lichtkegel.

$(\Delta s)^2 < 0 \Leftrightarrow \frac{(x_1-x_2)^2}{c^2} > (t_1 - t_2)^2$. So gilt unter der Bedingung $v = c^2/V$ in einem neuen Inertialsystem IS′ wegen der Gleichung (2.6):

$$t_1' - t_2' = k(t_1 - t_2 - \frac{v}{c^2}(x_1 - x_2)) \overset{(\Delta x = V\Delta t)}{=} k(t_1 - t_2 - \frac{vV}{c^2}(t_1 - t_2)) = 0,$$

Bewegt sich also das IS′ mit der Relativgeschwindigkeit $v = \frac{c^2}{V} < c$ bezüglich IS, so sind die beiden Ereignisse E1 und E2 in IS′ gleichzeitig. Man kann sogar die zeitliche Reihenfolge der Ereignisse umkehren. Dies ist aber physikalisch ohne Bedeutung, weil sich die beiden Ereignisse wie oben schon erläutert nicht beeinflussen können, sodass die Kausalität (Ursache vor Wirkung) nicht verletzt wird.

Zwei Ereignisse, für die $\Delta s = 0$ ist, können sich durch den Austausch von Photonen gegenseitig beeinflussen, da diese die Information mit der Geschwindigkeit $V = c$ transportieren. Daher nennt man den Abstand dieser beiden Ereignisse auch lichtartig. Haben beide Ereignisse dieselben Ortskoordinaten oder dieselben Zeitkoordinaten, so sind beide Ereignisse identisch. Gilt in einem IS $t_1 - t_2 < 0$, so gilt dies auch für alle anderen Inertialsysteme.[12] Also bleibt auch hier die Kausalität gewahrt.

Ist der Abstand zeitartig, also $(\Delta s)^2 > 0$, so sind beide Ereignisse räumlich so nahe und zeitlich so weit entfernt, dass sich beide Ereignisse kausal beeinflussen können. Hier ist nämlich $V < c$. Im Gegensatz zum raumartigen Abstand ist die Vertauschung der zeitlichen Reihenfolge der Ereignisse durch Übergang zu einem geeigneten IS′ nicht möglich, was die Kausalität

[12]Bei einem Vorzeichenwechsel müsste man nämlich über $\Delta t = 0$ gehen, da die Lorentztransformationen diese Differenz nur stetig ändern.

verletzen würde. Allerdings kann man immer ein Inertialsystem finden, sodass beide Ereignisse die selben räumlichen Koordinaten haben, also am selben Ort stattfinden. Hat man nämlich in einem IS die zwei Ereignisse E1: $(t_1, x_1, 0, 0)$ und E2: $(t_2, x_2, 0, 0)$, so gilt beim Übergang in ein anderes Inertialsystem IS', das sich mit v relativ zu IS bewegt:

$$x_1' - x_2' = k(\Delta x - v\Delta t) = k\Delta t(V - v) = 0$$

für $v = V$. Der sogenannte Lichtkegel in Abbildung 2.4 illustriert den obigen Sachverhalt für zwei Ereignisse, von denen sich das Ereignis E1 im Ursprung des KS befindet: Liegt E2 im grauen Bereich, so ist der Abstand beider Ereignisse raumartig, liegt E2 auf der gestrichelten Linie, so ist er lichtartig und liegt E2 außerhalb des grauen Kegels, so ist er Abstand zeitartig.

2.11 Lorentztensoren

Im Kapitel 1 wurden Tensoren über das spezielle Transformationsverhalten ihrer Darstellung beim Wechsel des Koordinatensystems definiert. In der Speziellen Relativitätstheorie beschränkt man sich allerdings auf den Wechsel zwischen Inertialsystemen, sodass indizierte Größen, die sich beim Wechsel des Inertialsystems mittels der Lorentztransformationen Λ^i_j transformieren (vgl. (2.7)), als **Lorentztensoren** bezeichnet werden. Dabei beschränkt sich der Tensorbegriff nicht aussschließlich auf physikalischen Größen. Vielmehr gibt es auch indizierte Operatoren, die sich nach (2.7) transformieren. Ein Beispiel für einen 'Tensoroperator' ist der Ableitungsoperator $\partial_i := \frac{\partial}{\partial x^i}$.

Der den Lorentztensoren zugrundeliegende vierdimensionalen (pseudoeuklidsche) Vektorraum wird als Minkowskiraum bezeichnet, der durch die Basisvektoren $\mathbf{b}_0 = (1, 0, 0, 0)$, $\mathbf{b}_1 = (0, i, 0, 0), \mathbf{b}_2 = (0, 0, i, 0)$ und $\mathbf{b}_3 = (0, 0, 0, i)$ aufgespannt wird. Die Verwendung von imaginären Basisvektoren stellt dabei einen Kunstgriff dar, der mittels (1.8) zum gewünschten metrischen Tensor η aus (1.11) führt.[13]

Unter beliebigen Koordinatentransformationen transformieren sich Lorentztensoren i. Allg. nicht wie Tensoren. So stellen z. B. die Koordinaten $x^i = (ct, x, y, z)$ gemäß (2.7) einen Lorentztensor dar, während sich diese unter allgemeinen Koordinatentransformationen nicht mehr wie ein Tensor

[13]Dabei beachte man, dass in dem gewählten Vektorraum das Standardskalarprodukt eigentlich gar kein Skalarprodukt ist, da z. B. $\mathbf{e}_1 \bullet \mathbf{e}_1 = -1 < 0$ ist. Daher rührt auch der Begriff pseudoeuklidisch.

verhalten, wohingegen die Koordinatendifferentialen dx^i auch dann noch ihren Tensorcharakter beibehalten.
Der rechnerische Umgang mit Lorentztensoren ergibt sich direkt aus dem in Kapitel 1 dargestellten Basiswissen. Insbesondere gilt wegen (1.12) bzw. (1.11):

$$\eta^{ij}\eta_{jk} = \delta^i_k$$

Hieraus folgt weiterhin

$$\eta^{ij} = \bar{\eta}_{ij} \qquad \text{und} \qquad \eta^{ij} = \eta_{ij},$$

worin $\bar{\eta}$ die Inverse zu η bezeichnet. Wegen der Quotientenregel und (2.14) (η_{ij} ist ein Lorentztensor) ist somit auch das Kroneckersymbol δ^i_j ein Tensor des Minkowskiraums.
Wie bereits oben angesprochen, ergibt sich das Transformationsverhalten eines kontravarianten Lorentztensors T^i der Stufe 1 wie folgt:

$$T'^i = \Lambda^i{}_j T^j$$

Aus Kapitel 1 folgt dann direkt, dass sich der kovariante Lorentztensor T_i wie folgt transformiert:

$$T'_i = \bar{\Lambda}^j{}_i T_j$$

Auch hier bezeichnet $\bar{\Lambda}$ die Umkehrung von Λ. Der Zusammenhang zwischen Ko- und Kontravarianten Tensoren T_i und T^i liefert wieder der metrische Tensor:

$$T_i = \eta_{ij} T^j$$

Wie bereits eingangs erwähnt ist der Ableitungsoperator $\partial^i = \frac{\partial}{\partial x_i}$ ein Lorentztensor. Dies lässt sich folgendermaßen zeigen:

$$\frac{\partial}{\partial x'_i} = \frac{\partial x_j}{\partial x'_i}\frac{\partial}{\partial x_j} \overset{(2.13)}{=} \Lambda^i{}_j \frac{\partial}{\partial x_j}$$

Durch Kontraktion lässt sich der folgende wichtige Lorentzskalar erzeugen:

$$\Box := \partial_i \partial^i = c^{-2}\frac{\partial^2}{\partial t^2} - \Delta$$

Dieser Operator wird als **d'Alembert Operator** bezeichnet und ist als Lorentzskalar invariant unter Lorentztransformationen.
Weitere Lorentzskalare sind die Lichtgeschwindigkeit c und das Wegelement $(\Delta s)^2$.

2.12 Die Eigenzeit τ

Da das Wegelement $(\Delta s)^2$ sowie die Lichtgeschwindigkeit c invariant unter Lorentztransformationen sind, gilt dies auch für die Größe:

$$(\Delta\tau)^2 := \frac{(\Delta s)^2}{c^2}$$

Es stellt sich die Frage nach der physikalischen Bedeutung dieser neu eingeführten Größe. Hierzu stelle der Leser sich wieder die beiden Inertialsysteme IS und IS′ vor, die durch die Lorentztransformation (2.12) verbunden sind. Wir betrachten nun eine Uhr, die im Raumpunkt $(x' = 0, y' = 0, z' = 0)$ des IS′ ruht. Diese Uhr wird genau dann auf Null gestellt, wenn sich beide Inertialsysteme überdeckten.[14] Nun wird zu einem Zeitpunkt $t' > 0$ die Uhr in IS′ angehalten. Damit wurden in IS′ zwei Ereignisse definiert:

- Uhr wird auf null gestellt - E1: $(t_1' = 0, 0, 0, 0)$
- Uhr wird angehalten - E2: $(t_2' = t', 0, 0, 0)$

Das entsprechende Wegelement lautet: $(\Delta s')^2 = c^2(\Delta t')^2$, sodass $\Delta\tau = \Delta t'$ ist. Damit liefert $\Delta\tau$ die Zeit (Zeitdifferenz), die für eine Uhr während dieser 'Reise' von einem Raumzeitpunkt zu einem Anderen vergeht, weshalb $\Delta\tau$ als **Eigenzeit** bezeichnet wird.
In dem Inertialsystem IS werden diesen beiden Ereignissen die Koordinaten $(t_1 = 0, 0, 0, 0)$ und $(t_2 = t, vt, 0, 0)$ zugeordnet, sodass dort das Wegelement $(\Delta s)^2 = c^2(\Delta t)^2 - (v\Delta t)^2 = (\Delta t)^2(c^2 - v^2)$ lautet. Wegen der Invarianz des Wegelements gilt aber $(\Delta s)^2 = (\Delta s')^2$, weshalb folgender Zusammenhang besteht:

$$\Delta t = \frac{\Delta t'}{\sqrt{1-\frac{v^2}{c^2}}} = \frac{\Delta\tau}{\sqrt{1-\frac{v^2}{c^2}}}$$

Auflösen nach $\Delta\tau$ liefert die Beziehung:

$$\Delta\tau = \Delta t\sqrt{1-\frac{v^2}{c^2}}$$

Hierin gibt Δt die Zeitspanne an, die die in IS ruhende Uhr als zeitlichen Abstand der beiden Ereignisse misst.
Es ist nicht notwendig, sich auf beschleunigungsfreie Bewegungen der Uhr in IS′ zu beschränken. Dies liegt daran, dass man jede beschleunigte Bewegung als eine Hintereinanderausführung von unbeschleunigten Bewegungen

[14] Dabei wurde auch die im Ursprung von IS ruhende Uhr auf $t = 0$ gestellt.

auffassen kann. Ist also $v = v(t)$, so lässt sich zu jedem Zeitpunkt ein IS′ einführen, das sich mit der beschleunigten Uhr so mitbewegt, dass diese kurzfristig ruht. Dabei gilt im Infinitesimalen:

$$d\tau(t) = dt\sqrt{1 - \frac{v^2(t)}{c^2}} \tag{2.16}$$

Aufintegration liefert dann die Eigenzeitdifferenz:

$$\Delta\tau = \int_A^B \sqrt{1 - \frac{v^2(t)}{c^2}}dt \tag{2.17}$$

Zur Vertiefung dient das folgende Beispiel: Man stelle sich ein Inertialsystem IS (erstes KS) vor. Im (räumlichen) Ursprung dieses IS wird nun eine dort ruhende Uhr U angebracht. Des weiteren betrachtet man eine Uhr U', die auf der x-Achse von IS im Abstand r von U sitzt. Nun soll sich U' kreisförmig (in der $x-y$-Ebene) um U bewegen, und zwar mit einer Kreisfrequenz ω von 2π, also eine Umdrehung pro Sekunde. Man hefte nun im Ursprung von IS ein weiteres Koordinatensystem KS′ (zweites KS) an, das sich mit der Uhr U' dreht, sodass U' in KS′ ruht. Während daher U' in KS′ für alle Zeiten die (räumlichen) Koordinaten $x' = r$, $y' = 0$ und $z' = 0$ hat, beschreibt U' in IS die folgende Bewegung:

$$x = r\cos\omega t \qquad y = r\sin\omega t \qquad z = 0 \tag{2.18}$$

Somit hängen die (räumlichen) Koordinaten von KS′ und IS wie folgt zusammen:

$$x' = x\cos\omega t + y\sin\omega t \qquad y' = -x\sin\omega t + y\cos\omega t \qquad z' = z$$

Setzt man zum Test (2.18) hierin ein, so ergibt sich sofort, dass U' in KS′ die Koordinaten $(r, 0, 0)$ hat. Zuletzt wird in KS′ noch eine Zeitkoordinate t' eingeführt, die mit der Zeitkoordinate t aus IS übereinstimmen soll. Damit hat man die Koordinatentransformation zwischen beiden Systemen vollständig definiert.

Nun wissen wir nach Konstruktion, dass U die Zeitdifferenz $\Delta t = 1s$ für einen Umlauf von U' anzeigt. Hingegen wird die Uhr U' ihre Eigenzeit $\Delta\tau$ aus (2.17) anzeigen, wobei $\Delta\tau < \Delta t$ ist. Wegen $\Delta t = \Delta t'$ entspricht die eingeführte Zeitkoordinate t' nicht der real ablaufenden Zeit $\Delta\tau$ in KS′.

Man kann sich fragen, ob diese Aussage nicht widersprüchlich ist. Könnte man nicht auch sagen: Die Uhr U' ruht und stattdessen bewegt sich U und somit das IS relativ zu KS′. Aus dieser Perspektive würde man gerade das umgekehrte Ergebnis erwarten. Was zeigen nun die Uhren tatsächlich an?

Die Antwort lautet: das oben Berechnete.
Der letzte Gedanke[15] hat tatsächlich einen Haken. Er sieht beide Systeme als gleichberechtigt an. Insbesondere werden bei diesem Gedanken im beschleunigten System KS′ unbewusst die Gesetze der speziellen Relativitätstheorie angewendet, die für Inertialsysteme aufgestellt wurden. Konkret: Es wird η als metrischer Tensor in KS′ benutzt.
Ein Inertialsystem wurde gerade so eingeführt, dass in ihm keine Beschleunigungskräfte (z.B. Gravitationskräfte oder in unserem Fall Zentrifugalkräfte) wirken. Dann haben wir festgestellt, dass das Wegelement $(\Delta s)^2$ eine Invariante unter Lorentztransformationen darstellt. Insbesondere ließ sich das Wegelement durch den metrischen Lorentztensor η darstellen:

$$(\Delta s)^2 = \eta_{ij} \Delta x^i \Delta x^j$$

Man könnte annehmen, dass η_{ij} in verschiedenen Inertialsystemen auch verschiedene Werte annimmt und nur in einem ganz bestimmten IS die einfache Form (1.11) hat. Dies darf schon daher nicht sein, da sonst dieses IS bevorzugt wäre. Auch rechnerisch ergibt sich beim Wechsel des Inertialsystems, dass η_{ij} seine Form beibehält:

$$\eta_{ij} = \Lambda_i{}^k \Lambda_j{}^l \eta_{kl}$$

Betrachtet man nun das Geschehen aus einem beschleunigten Bezugssystem, so stellen die Koordinatentransformationen

$$x' = x \cos \omega t + y \sin \omega t \qquad y' = -x \sin \omega t + y \cos \omega t \qquad z' = z \ , \ t' = t \tag{2.19}$$

von IS ins beschleunigte KS′ keine Lorentztransformationen Λ mehr dar.[16] Insbesondere transformiert sich der metrische Tensor η wie folgt:

$$g_{ij} := \eta'_{ij} = \frac{\partial x^k}{\partial x'^i} \frac{\partial x^l}{\partial x'^j} \eta_{kl} \overset{i.Allg.}{\neq} \eta_{ij} \tag{2.20}$$

Praktisch erhält man g_{ij} wie folgt:

$$(ds)^2 = c^2 dt^2 - dx^2 - dy^2 - dz^2 \tag{2.21}$$

Die Umkehrtransformation von (2.19) lautet:

$$x = x' \cos \omega t' - y' \sin \omega t' \qquad y = x' \sin \omega t' + y' \cos \omega t' \qquad z = z' \ , \ t = t'$$

[15] Man vergleiche hierzu das sog. Zwillingsparadoxon in der Literatur.

[16] Man hätte anstatt $t' = t$ auch irgendeine andere eindeutige Zeittransformation zulassen können z. B. $t' = \sqrt{t}$.

Setzt man dies in (2.21) ein und beachtet beispielsweise, dass $d(x'\cos\omega t') = dx'\cos\omega t' + x'(-\omega\sin\omega t')dt'$ ist, so liefert eine kleinere Rechnung:

$$(ds)^2 = (c^2 - \omega^2(x'^2 + y'^2))dt'^2 - 2\omega y'dx'dt' + 2\omega x'dy'dt' - dx'^2 - dy'^2 - dz'^2$$

Wegen $(ds)^2 = g_{ij}dx'^i dx'^j$ ergibt sich sofort die Form des metrischen Tensors $\mathbf{g}$:

$$g_{ij}(\vec{r'}) = \begin{pmatrix} c^2 - \omega^2 r^2 & -\omega y' & \omega x' & 0 \\ -\omega y' & 1 & 0 & 0 \\ \omega x' & 0 & 1 & 0 \\ 0 & 0 & 0 & 1 \end{pmatrix}$$

Man kann daher die Betrachtungen auch aus dem KS$'$ anstellen, muss aber den metrischen Tensor $\mathbf{g}$ anstelle von η zur Bestimmung des Wegelements ds verwenden. Somit sind die Koordinatendifferenzen komplizierter miteinander verknüpft als in einem Inertialsystem, in dem $\mathbf{g}$ die einfache Form von η annimmt. Eben gerade deswegen sind die Inertialsysteme gegenüber beschleunigten Bezugssystemen bevorzugt.
Insbesondere kann ein Beobachter in KS$'$ die Eigenzeit von U' (U' ruht in KS$'$!) wie folgt berechnen:

$$(\Delta\tau)^2 = g_{00}(\Delta t')^2 = (1 - \frac{\omega^2(x'^2 + y'^2)}{c^2})(\Delta t)^2 \tag{2.22}$$

Dabei taucht in g_{00} das Zentrifugalpotential G:$=\frac{1}{2}\omega^2(x'^2 + y'^2) = \frac{1}{2}\omega^2 r^2$ auf, denn offenbar gilt:

$$g_{00} = 1 - \frac{2G}{c^2} \tag{2.23}$$

Mit der Beziehung (2.22) lässt sich die Eigenzeit $\Delta\tau$ berechnen. Das Ergebnis für konkrete Werte von r und ω liefert dann den selben Wert für $\Delta\tau$, den man mittels (2.17) erhalten würde.
Es ist also auch in der speziellen Relativitätstheorie möglich, beliebige Koordinatensysteme zu verwenden, wenn man nur den dazugehörigen metrischen Tensor $\mathbf{g}$ benutzt, der sich über (2.20) definiert. Die Koordinaten x^i haben dabei oft keine selbständige physikalische Bedeutung mehr, so wie t' nicht die reale Zeit in KS$'$ angab. Die physikalische Bedeutung der Koordinaten ergibt sich dann im Zusammenhang mit dem Wegelement. Die reale Zeit in KS$'$ erhält man über die Eigenzeit, die mit der Zeitkoordinate t' wie folgt zusammenhängt: $\Delta\tau = \sqrt{g_{00}}\Delta t'$.

2.13 Relativistische Mechanik

Die uns bislang begegnete Anzahl an Lorentztensoren ist recht überschaubar. Beginnen wir auf der Suche nach weiteren physikalischen Größen, die sich als Lorentztensoren erweisen, mit der Geschwindigkeit $\vec{v}$ des dreidimensionalen Raumes. Da die klassische Geschwindigkeit $\vec{v}$ keinen Lorentztensor darstellt, versuchen wir $\vec{v}$ so abzuändern, dass ein sinnvoller Lorentzvektor (Tensor der Stufe 1 und auch 4er-Vektor genannt) des vierdimensionalen Minkowskiraums entsteht. Der Leser beachte dabei die Schreibweise, dass im Folgenden die mit einem Vektorpfeil hervorgehobenen Größen die klassischen 3er-Vektoren repräsentieren, während die räumlichen Komponenten eines 4er-Vektors durch Fettdruck gekennzeichnet sind.

Beginnen wir mit der Prüfung, ob $v^i := \frac{dx^i}{dt} = (c, \frac{dx}{dt}, \frac{dy}{dt}, \frac{dz}{dt}) = (c, \vec{v})$ einen Lorentztensor definiert. Da sich hierin die Differentiale dx^i wie ein Lorentzvektor transformieren, aber dt sich beim Wechsel des IS ebenfalls verändert, stellt die so eingeführte Geschwindigkeit v^i keinen Lorentzvektor dar. Wird allerdings dt durch die Invariante $d\tau = \sqrt{dt^2 - dx^2 - dy^2 - dz^2}$ ersetzt, so wird v^i ein Lorentzvektor:

$$v^i = (v^0, \mathbf{v}) := (\frac{dx^i}{d\tau}) = (\frac{dx^i}{dt} \cdot \frac{dt}{d\tau}) = k(c, \frac{dx}{dt}, \frac{dy}{dt}, \frac{dz}{dt}) = k(c, \vec{v})$$

Diese 'Geschwindigkeit' v^i, auch Vierergeschwindigkeit genannt, ist die relativistische Verallgemeinerung der klassischen Geschwindigkeit $\vec{v}$.

Die relativistische Übertragung der klassischen Beschleunigung $\vec{a} = \frac{d\vec{v}}{dt}$ verläuft analog:

$$a^i := \frac{dv^i}{d\tau} \qquad \text{(Viererbeschleunigung)}$$

Dabei beachte man, dass sich die uns vertrauten beobachtbaren Größen $\vec{v}$ und $\vec{a}$ aus der Vierergeschwindigkeit v^i und der Viererbeschleunigung a^i wiederherstellen lassen.

Die Vierervektoren v^i und a^i stellen eine Quelle unterschiedlicher Tensoren der Stufe 0 dar: Durch Kontraktion kann man folgende Invarianten bestimmen:

- $v_i v^i = k(c, -\vec{v}) \cdot k(c, \vec{v}) = k^2(c^2 - v^2) = \frac{c^2}{c^2 - v^2}(c^2 - v^2) = c^2$ wobei $\vec{v}^2 = v^2$ verwendet wurde.

- Betrachtet man a^i im momentanen Ruhesystem (IS), so ist nach (2.16) $d\tau = dt$ [17] und somit $a^i = (c\frac{d^2t}{dt^2}, \frac{d^2x}{dt^2}, \frac{d^2y}{dt^2}, \frac{d^2z}{dt^2}) = (0, \vec{a})$. Damit wird

[17] Wenn die Koordinate t durch die Uhr in Abschnitt 2.3 festgelegt wird.

$a_i a^i = -\vec{a}^2 = a^2$. Da dies eine Lorentzinvariante ist, gilt diese Relation in allen IS!

- Legt man wieder das momentane Ruhesystem zugrunde, so gilt: $v_i a^i = c \cdot 0 - \vec{0} \cdot \vec{a} = 0$. Dies muss dann auch für alle anderen IS gelten!

Man erkennt hieran, dass die Wahl eines geeigneten IS die Invariantenbildung (Tensoren der Stufe 0) erheblich vereinfachen kann. Des weiteren sieht man, dass die vier Komponenten eines Lorentzvektors nicht völlig unabhängig voneinander sind.
Eine weitere wichtige mechanische Größe ist die Masse m_0. Häufig wird zwischen der Ruhemasse m_0 und der bewegten (dynamische) Masse $m = k \cdot m_0$ unterschieden. Die Ruhemasse als solche stellt einen Lorentzskalar dar, denn die Ruhemasse eines Körpers kann nicht davon abhängen, in welchem Inertialsystem der Körper gerade ruht. Schreibt man den Betrag der Ruhemasse des Körpers auf diesen drauf, so kennt jeder Beobachter diese, egal, in welchem Bewegungszustand er sich zum Körper befindet.
Damit lassen sich zwei weitere physikalische Lorentztensoren definieren, nämlich der relativistische Impuls und die relativistische Kraft. Als relativistische Impuls wir der 4er-Vektor

$$p^i := m_0 v^i = k \cdot m_0(c, \vec{v}) = m(c, \vec{v})$$

bezeichnet. Dabei ist zu beachten, dass der räumliche Anteil des Impulses nicht mehr wie in der klassischen Mechanik proportional zur Ruhemasse m_0 ist, sondern proportional zur Masse $m = m_0 \cdot k$, die wegen k von der Geschwindigkeit abhängt und daher als dynamische Masse bezeichnet wird. Die räumlichen Komponenten p^α stellen die relativistische Verallgemeinerung des klassischen Impulses $\vec{p}$ dar. Die Deutung von p^0 wird später vorgenommen.
Der relativistische Impuls ist im Gegensatz zur Vierergeschwindigkeit und Viererbeschleunigung eine physikalisch reale, d.h. messbare Größe. Bezüglich der räumlichen Komponenten p^α liegt dies daran, dass ein Beobachter für einen bewegten Körper anstatt der Ruhemasse m_0 die bewegte Masse m misst. Um dies einzusehen, kann man das folgende einfache Gedankenexperiment machen: Als Ausgangspunkt dienen wieder die zwei Inertialsysteme IS und IS′, die durch die Lorentztransformationen (2.12) verbunden sind. Man stelle sich nun (in IS) parallel zu x-Achse eine dicke Wand vor.[18] Weiterhin denke man sich einen Körper der Ruhemasse m_0, der sich entlang der y-Achse mit der Geschwindigkeit u auf die Mauer zubewegt und

[18] Damit ist die Wand auch parallel zur x'-Achse des IS′.

zwangsläufig in diese einschlägt. Dabei soll es sich um einen unelastischen Stoßprozess handeln, sodass die Eindringtiefe des Körpers in die Mauer ein Maß für den Impuls $p_{\mathrm{IS}} = mu$ des Körpers ist. Dabei wird u als sehr klein gegenüber c angenommen, sodass in IS $m = m_0$ in guter Näherung gilt. Nun sei die Relativgeschwindigkeit v (v parallel zur x-Achse) der beiden Inertialsysteme im Bereich der Lichtgeschwindigkeit. Wie beurteilt ein (ruhender) Beobachter in IS′ diese Situation? Für die Eindringtiefe des Körpers in der Wand wird er das gleiche Ergebnis erhalten wie der Beobachter in IS, da diese Strecke senkrecht zur Relativgeschwindigkeit v ist und somit keiner Lorentzkontraktion unterliegt. Andererseits kann der Beobachter in IS′ sich auf den Standpunkt stellen, dass er ruht und sich das IS mit $-v$ relativ zu ihm bewegt. Daher erscheinen ihm die Vorgänge in IS um den Faktor $\sqrt{1 - v^2/c^2}$ verlangsamt (ersetze in (2.12) t durch t' und umgekehrt). Damit wird der Beobachter in IS′ dem Körper die Geschwindigkeit $u' = u\sqrt{1 - v^2/c^2}$ zuordnen. Wegen der unveränderten Eindringtiefe des Körpers in die Mauer wird der Beobachter in IS′ dem Körper jedoch den gleichen Impuls zuweisen, wie es der Beobachter in IS tat. Dies kann aber nur dann möglich sein, wenn der Beobachter dem Körper die Masse $m = m_0/\sqrt{1 - v^2/c^2}$ zuordnet. Damit wird er nämlich für den Körper den Impuls $p_{\mathrm{IS'}} = mu' = m_0 u = p_{\mathrm{IS}}$ erhalten und es wird deutlich, dass ein Beobachter durch eine Messung des Impulses eines vorbeifliegenden Körpers mit der Ruhemasse m_0 nicht diese durch die Messung erhält, sondern er wird als Masse des Körpers m messen. Damit ist die Bestimmung der Masse eines Körpers vom zugrundeliegenden IS abhängig. Trotzdem bleibt natürlich die Ruhemasse m_0 eine Invariante.
Als relativistische Kraft wird der 4er-Vektor

$$f^i := \frac{dp^i}{d\tau} = m_0 a^i \qquad \text{(rel. Bewegungsgleichung)} \tag{2.24}$$

bezeichnet. Speziell ergibt sich im momentanen Ruhesystem des Körpers (auf den die Kraft wirkt) wegen $k = 1$: $f^i = (0, \vec{f})$ wobei $\vec{f}$ wieder die klassische newtonsche Kraft $d\vec{p}/dt$ repräsentiert. Betrachten wir einmal mehr die spezielle Lorentztransformation (2.12) und nehmen an, dass der Körper in IS′ momentan ruht. Damit bewegt er sich in IS mit der (klassischen) Geschwindigkeit v in x-Richtung. Nun wirke auf den Körper in IS′ die Kraft $f'^i = (0, \vec{f'})$. Damit ergibt sich in IS die Lorentzkraft:

$$f^i = (f^0, \mathbf{f}) = (\Lambda^i_j f'^j) = (k\frac{v}{c}f'^1, kf'^1, f'^2, f'^3) \tag{2.25}$$

Bewegt sich das IS′ in einer beliebigen Richtung mit der Geschwindigkeit $\vec{v}$ relativ zu IS, so ergibt sich die allgemeinere Beziehung:

$$f^i = (k\frac{\vec{v}\cdot\vec{f'}}{c}, \vec{f'} + (k-1)\frac{\vec{v}(\vec{v}\vec{f'})}{v^2}) \tag{2.26}$$

Damit erhält man:

$$f^0 \overset{(2.26)}{=} k\frac{\vec{v}\cdot\vec{f'}}{c} \tag{2.27}$$

Aus der (relativistischen) Bewegungsgleichung (2.24) ergibt sich nun:

$$f^0 = k\frac{d}{dt}(k\cdot m_0\cdot c) \overset{(2.27)}{=} k\frac{\vec{v}\cdot\vec{f'}}{c}$$

Daraus folgt:

$$\frac{d}{dt}(k\cdot m_0\cdot c^2) = \vec{f'}\cdot\vec{v}$$

Da der Ausdruck $\vec{f'}\cdot\vec{v}$ eine Leistung darstellt, erhält man für die Gesamtenergie eines bewegten Körpers mit der Ruhemasse m_0 die folgenden Ausdrücke:

$$\boxed{E = mc^2 = k\cdot m_0\cdot c^2 = \frac{m_0c^2}{\sqrt{1-\frac{v^2}{c^2}}} = m_0c^2 + \frac{1}{2}m_0v^2 + \ldots} \tag{2.28}$$

Die Konstante m_0c^2 wird als Ruheenergie bezeichnet. Jetzt lässt sich auch die p^0-Komponente des Impulses erklären, da $p^0 = \frac{E}{c}$ gilt. Weiterhin findet man wegen $v^iv_i = c^2$:

$$p^ip_i = m_0^2c^2.$$

Da zugleich auch

$$p^ip_i = (\frac{E}{c})^2 - \mathbf{p}^2.$$

gilt, ergibt sich

$$E = \pm c\sqrt{m_0^2c^2 + \mathbf{p}^2},$$

wobei wir das Minuszeichen im weiteren Verlauf unterschlagen werden.
Betrachtet man nun einen Körper der Ruhemasse m_0 in seinem Ruhesystem, so ergibt sich seine Energie zu $E = m_0c^2$. Wird die Energie des Körpers aus einem anderen IS ermittelt, in dem er die Geschwindigkeit v besitzt, so lautet das Ergebnis: $E = mc^2$. Die Differenz beider Energien

$$E_{kin} = (m - m_0)c^2$$

lässt sich dann als die kinetische Energie des Körpers interpretieren. Die hier aufgedeckte Äquivalenz zwischen Energie und Masse hat sehr weitreichende Konsequenzen. So trägt einerseits zu der Masse eines Körpers die gesamte innere Energie (Bindungsenergie, thermische Energie) bei. Andererseits geht aus der Beziehung hervor, dass Masse nichts anderes ist als extrem verdichtete Energie.
Es bleibt noch der Zweifel, ob die oben eingeführten Größen bzw. Beziehungen wirklich die sinnvollen Verallgemeinerungen der klassischen Größen darstellen. Dieser Zweifel kann durch die beiden folgenden Argumente zumindest geschmälert werden.

- Im klassischen Grenzfall ($k \longrightarrow 1$) reduzieren sich die Größen bzw. Relationen (Bewegungsgleichung) auf die zugehörigen klassischen Größen bzw. Relationen.
- Die Größen stellen Vierervektoren dar, sodass physikalische Gesetze (in unserem Fall die relativistische Bewegungsgleichung), die aus ihnen aufgebaut werden, forminvariant unter einem Wechsel des Inertialsystems bleiben.

Im übernächsten Abschnitt findet der Leser Beispiele, in denen mit den oben eingeführten Größen gerechnet wird. Der physikalische Gehalt der Resultate wird dann ein weiteres Kriterium sein, ob die gewählten relativistischen Verallgemeinerungen vernünftig sind.

2.14 Erhaltungssätze

Eine zentrale Rolle in der klassischen Physik spielen die 3 Erhaltungssätze:

$$\sum_i m_{i,\text{vorher}} = \sum_i m'_{i,\text{nachher}}$$

$$\sum_i E_{i,\text{vorher}} = \sum_i E'_{i,\text{nachher}}$$

$$\sum_i \vec{p}_{i,\text{vorher}} = \sum_i \vec{p}'_{i,\text{nachher}}$$

Die Gültigkeit dieser Sätze ist dann gewährleistet, wenn das System abgeschlossen ist. Da der klassische Impuls $\vec{p}$ ein 3er-Vektor ist, beinhaltet die letzte Beziehung gleich 3 Erhaltungssätze, nämlich für jede Komponente gerade einen.
Nun haben wir im letzten Abschnitt in (2.28) die Äquivalenz von Energie

und Masse abgeleitet. Somit werden wir in der relativistischen Physik nur noch vier anstatt fünf Erhaltungssätze haben, da der Erhalt der Masse gleichbedeutend mit dem Erhalt der Energie ist. Es ergeben sich daher die vier (relativistischen) Erhaltungssätze:

$$\sum_j p_j^i = \sum_j p_j'^i \tag{2.29}$$

Auch hier ist die Abgeschlossenheit des Systems für die Gültigkeit dieser Beziehung notwendig. Die Beziehung (2.29) stellt eine Tensorgleichung dar, da die Summe aus Tensoren gleicher Stufe wieder ein Tensor der selben Stufe ergibt.
Oft werden Erhaltungssätze in der Form der Kontinuitätsgleichung ausgedrückt, die für eine Größe $A^i = (A^0, \vec{A})$ die Form

$$\frac{\partial}{\partial x^i} A^i = 0 \tag{2.30}$$

annimmt. Die Integration von (2.30) über ein dreidimensionales Volumen V^3 liefert die Identität:

$$\frac{\partial}{\partial x^0}(\int_{V^3} A^0 d^3x) = -\int_{V^3} \mathrm{div}\vec{A} d^3x \overset{(\text{Gauß})}{=} -\int_{\partial V^3} \vec{A} d\vec{f}$$

Verschwindet nun die rechte Seite, so ist das linke Integral zeitlich konstant. In diesem Sinne ist die Kontinuitätsgleichung ein globaler Erhaltungssatz.

2.15 Lichtstreuung am Elektron

Für das Weitere behalte man den Zusammenhang $p^i p_i = m_0^2 c^2$ im Hinterkopf, der den Impuls p^i eines Teilchens mit dessen Ruhemasse m_0 in Beziehung setzt. Dies folgt direkt aus der schon aufgeführten Identität $v^i v_i = c^2$.
Beginnen wir mit der Untersuchung der Streuung eines Photons an einem Elektron (Comptoneffekt). Hierfür denke man sich ein Elektron, dass im Ursprung eines IS ruht. Von links fliegt nun ein Photon entlang der x-Achse auf das Elekrton zu, sodass es zum Stoß beider Teilchen kommt. Photonen haben bekanntlich die Ruhemasse $m_0 = 0$ und die Energie $E = h\nu$. Damit ergibt sich wegen $p^i p_i = m_0^2 c^2 = 0$ für die x-Komponente des 4er-Impulses: $p^1 = \frac{E}{c}$.
Somit haben die Teilchen folgende 4er-Impulse vor dem Stoß:

$$p_{\mathrm{Ph}}^i = (\frac{E}{c}, \frac{E}{c}, 0, 0) \qquad p_{\mathrm{El}}^i = (m_0 c, 0, 0, 0). \tag{2.31}$$

Nach dem Stoß besitzt das Photon (Ph) den folgenden Impuls:

$$p'^{i}_{\mathrm{Ph}} = \left(\frac{E'}{c}, \frac{\cos\theta \cdot E'}{c}, \frac{\sin\theta \cdot E'}{c}, 0\right) \tag{2.32}$$

Hierin ist $E' = h\nu'$. Zwischen dem Streuwinkel θ und der Differenz $(\nu - \nu')$ besteht nun ein funktionaler Zusammenhang. Dieser ergibt sich folgendermaßen: Die Erhaltung des 4er-Impulses liefert:

$$p^{i}_{\mathrm{Ph}} + p^{i}_{\mathrm{El}} = p'^{i}_{\mathrm{Ph}} + p'^{i}_{\mathrm{El}} \tag{2.33}$$

Das Ziel der Rechnung ist die Elimination der unbekannten Größe p'^{i}_{El}. Multipliziert man (2.33) mit p'^{Ph}_{i} und beachtet die Summenkonvention, sowie $p'^{i}_{\mathrm{Ph}} p'^{\mathrm{Ph}}_{i} = m^2c^2 = 0$, so ergibt sich:

$$p^{i}_{\mathrm{Ph}} p'^{\mathrm{Ph}}_{i} + p^{i}_{\mathrm{El}} p'^{\mathrm{Ph}}_{i} = p'^{i}_{\mathrm{El}} p'^{\mathrm{Ph}}_{i} \tag{2.34}$$

Da (2.33) auch für die kovarianten Komponenten von $\mathbf{p}$ gilt, lässt sich die linke Seite von (2.34) mittels $p^{\mathrm{Ph}}_{i} + p^{\mathrm{El}}_{i}$ und die rechte Seite von (2.34) analog mithilfe von $p'^{\mathrm{Ph}}_{i} + p'^{\mathrm{El}}_{i}$ kontrahieren. Wegen $p^{i}_{\mathrm{Ph}} p^{\mathrm{Ph}}_{i} = 0$ und $p^{i}_{\mathrm{El}} p^{\mathrm{El}}_{i} = m_0^2c^2$ ergibt sich aus dieser Verjüngung das Resultat:

$$m_0^2c^2 + 2p^{i}_{\mathrm{Ph}} p^{\mathrm{El}}_{i} = m_0^2c^2 + 2p'^{i}_{\mathrm{Ph}} p'^{\mathrm{El}}_{i}$$

Und daher:

$$p^{i}_{\mathrm{Ph}} p^{\mathrm{El}}_{i} = p'^{i}_{\mathrm{Ph}} p'^{\mathrm{El}}_{i}$$

Dies in (2.34) eingesetzt liefert den Zusammenhang

$$p^{i}_{\mathrm{Ph}} p'^{\mathrm{Ph}}_{i} + p^{i}_{\mathrm{El}} p'^{\mathrm{Ph}}_{i} = p^{i}_{\mathrm{El}} p^{\mathrm{Ph}}_{i} \tag{2.35}$$

in dem p'^{i}_{El} nicht mehr auftaucht. Setzt man (2.31) und (2.32) in (2.35) ein, so erhält man:

$$h^2\nu\nu'\frac{(1-\cos\theta)}{c^2} + m_0h\nu' = m_0h\nu$$

Einfaches Umformen liefert das Ergebnis:

$$\frac{c}{(\nu' - \nu)} = \frac{h(1-\cos\theta)}{m_0c}$$

Dies ist der gesuchte Zusammenhang, der auch durch physikalische Messungen bestätigt wurde.
Dieses Beispiel verdeutlicht, wie nützlich der Tensorformalismus sein kann. Hätte man nämlich mit den klassischen Größen (3er-Vektoren) gerechnet, so wäre das Auffinden dieses Ergebnisses mit deutlich mehr Mühe verbunden gewesen.

2.16 Raketendynamik

Als zweites Beispiel berechnen wir das Weg-Zeit-Gesetz für eine Rakete, die von ihrem jeweiligen (momentanen) Ruhesystem aus betrachtet, die konstante Beschleunigung a' besitzt. Daher wird ein mitfliegender Astronaut mit der zeitlich konstanten Kraft $m_{0,A}a'$ ($m_{0,A}$ ist die Ruhemasse des Astronauten) in seinen Sitz gedrückt. Wir betrachten natürlich eine möglichst einfache Bewegung der Rakete, nämlich die Bewegung entlang der x-Achse. Es sollen des Weiteren die folgenden Anfangsbedingungen gelten:

$$x(t=0)=0, \qquad v(t=0)=0 \tag{2.36}$$

Würden die klassischen Gesetze weiterhin gelten, so wäre das Weg-Zeit-Gesetz der Rakete: $x(t) = \frac{1}{2}a't^2$. Das Geschwindigkeit-Zeit-Gesetz würde $v(t) = \dot{x} = a't$ lauten, wonach man nach der Zeit $\bar{t} = \frac{c}{a}$ Lichtgeschwindigkeit erreichen würde. Allerdings gelten diese Gesetze nur für $v \ll c$.
Daher muss das Problem auf relativistischem Wege gelöst werden. Dem Leser werden hierzu im Folgenden zwei unterschiedliche Lösungsmöglichkeiten vorgestellt. In beiden Ansätzen werden zwei Inertialsysteme IS und IS$'$ betrachet. IS ist dabei das System, in dem die Rakete zur Zeit $t = 0$ ruht. IS$'$ soll das jeweilige momentane Ruhesystem der Rakete sein. Daher repräsentiert IS$'$ eine ganze Schar von Inertialsystemen.

Lösungsmöglichkeit 1

Im (momentanen) Ruhesystem IS$'$ der Rakete gilt der Geschwindigkeitszuwachs: $dv' = a'dt'$ ($dv' \ll c$!). In IS wird wegen des Theorems zur Addition von Geschwindigkeiten die folgende Beziehung näherungsweise (in erster Ordnung) gelten:

$$v + dv = \frac{v + dv'}{1 + \frac{vdv'}{c^2}} = v + dv' - \frac{v^2 dv'}{c^2}$$

Damit ergibt sich $dv = dv'(1 - v^2/c^2)$. Also ist aus der Sicht eines in IS ruhenden Beobachters der Geschwindigkeitszuwachs dv der Rakete kleiner als der Zuwachs der in IS$'$ gemessen wird. Hieraus ergibt sich die in IS gemessene Beschleunigung der Rakete: $a = dv/dt$. Nun ist $dt' = dt\sqrt{1 - v^2/c^2}$, weswegen sich der folgende Zusammenhang ergibt:

$$a = \frac{dv}{dt} = \frac{dv'}{dt'}(1 - \frac{v^2}{c^2})^{\frac{3}{2}} = a'(1 - \frac{v^2}{c^2})^{\frac{3}{2}}$$

Unter Beachtung der Anfangsbedingungen (2.36) stellt die folgende Gleichung die Lösung dieser Beziehung dar:

$$v(t) = a't \cdot (1 + \frac{a'^2t^2}{c^2})^{-\frac{1}{2}} \tag{2.37}$$

Wegen $dx = vdt$ erhält man weiterhin:

$$x(t) = \frac{c^2}{a'}(\sqrt{1 + \frac{a'^2t^2}{c^2}} - 1) \tag{2.38}$$

Dieser Zusammenhang ist das gesuchte Resultat. Dabei haben wir vom Tensorformalismus gar keinen Gebrauch gemacht und nur mit 'realen' physikalischen Größen gearbeitet. Der Vorteil dieses Lösungweges liegt in seiner leichten Verständlichkeit, weil man gewissermaßen direkt am Geschehen dranbleibt, was beim Tensorformalismus nicht immer der Fall sein muss.

Lösungsmöglichkeit 2

Hierzu betrachten wir (2.25) mit $\vec{f'} = (m_0a', 0, 0)$ (m_0: Ruhemasse der Rakete). Da $\vec{v} = (v, 0, 0) \parallel \vec{f'}$ ist, reduziert sich der räumliche Anteil (f^1, f^2, f^3) in (2.26) auf $k\vec{f'}$. Aus der Bewegungsgleichung (2.24) erhält man speziell für die 1-Komponente den Zusamenhang:

$$\frac{d}{d\tau}(k \cdot m_0v) = k \cdot m_0a' \qquad (k = \frac{1}{\sqrt{1 - \frac{v^2}{c^2}}})$$

Wegen $d\tau = dt' = \frac{dt}{k}$ ergibt sich:

$$\frac{d}{dt}(\frac{m_0v(t)}{\sqrt{1 - \frac{v^2(t)}{c^2}}}) = m_0a'$$

und daher

$$d(\frac{m_0v(t)}{\sqrt{1 - \frac{v^2(t)}{c^2}}}) = m_0a'dt$$

Integration, Auflösen nach v und Beachtung der Anfangsbedingungen ergeben wieder die gleichen Resultate (2.37) und (2.38). Auch bei dieser Lösung wurde nicht direkt Tensorrechnung betrieben. Allerdings wurde die Tensorgleichung (2.24) benutzt. Die Übereinstimmung mit der ersten Lösung ist abermals eine Bestätigung für die Eignung, Physik mit den eingeführten Vierervektoren zu betreiben.

Abschließend sei noch erwähnt, dass bei Prozessen wie der Teilchenerzeugung oder des Zerfalls der Tensorformalismus auf direktem Weg zu konkreten Ergebnissen führt – ähnlich wie dies schon bei der Beschreibung der Streuung des Photons am Elektron der Fall war. Zum Beispiel folgt direkt aus dem Tensorfomalismus und dem Impulserhaltungssatz, dass ein Photon niemals ohne beteiligten Stoßpartner in ein Elektron und ein Antielektron (Positron) zerfallen kann. Wäre dies möglich, so müsste gelten: $p^i_{\mathrm{Ph}} = p^i_{\mathrm{El}} + p^i_{\mathrm{Po}}$ Kontrahiert man nun die linke Seite mit p_i^{Ph} und die rechte Seite mit $p_i^{\mathrm{El}} + p_i^{\mathrm{Po}}$, so ergibt die linke Seite null, während die rechte Seite ein Ergebnis ungleich null liefert. Ergo kann ein einzelnes Photon nicht ausschließlich in ein Elektron-Positron Paar zerfallen.

2.17 Eulergleichung und Energie-Impuls-Tensor

Wir werden in Abschnitt 3.19 erfahren, dass der sogenannte **Energie-Impuls-Tensor**, neben dem metrischen Tensor und dem sogenannten Ricci-Tensor, eine der drei Größen ist, aus denen sich die Einsteinschen Feldgleichungen zusammensetzen. In diesem Abschnitt wird der 'mechanische' Energie-Impuls-Tensor hergeleitet und im nächsten Abschnitt wird darüber hinaus der Energie-Impuls-Tensor des elektromagnetischen Feldes vorgestellt.

Die Herleitung des Energie-Impuls-Tensors fußt auf der (nichtrelativistischen) **Eulergleichung** für eine Verteilung von Körpern gleicher Massen im Vakuum, wobei von einer Wechselwirkung zwischen den einzelnen Körpern abgesehen wird. Man erhält die nichtrelativistische Eulergleichung, indem die relativistische Physik erst einmal völlig ausgeblendet wird. Insbesondere haben dann die Masse m und das Volumen V_{ol} in allen Koordinatensystemen den selben Wert. Aus der Newtonschen Bewegungsgleichung

$$\Delta m \frac{d\vec{v}}{dt} = \Delta \vec{F}$$

für ein Massenelement Δm ergibt sich mit der Dichte $\rho = \frac{\Delta m}{\Delta V_{ol}}$ und $\vec{f}(\vec{x},t) := \frac{\Delta \vec{F}(\vec{x},t)}{\Delta V_{ol}}$

$$\rho(\vec{x},t)\frac{d\vec{v}(\vec{x}(t),t)}{dt} = \vec{f}(\vec{x},t)$$

Die letzte Beziehung liefert die **Eulergleichung**:

$$\rho(\vec{x},t)(\frac{\partial \vec{v}(\vec{x},t)}{\partial t}) + \underbrace{(\nabla \vec{v}(\vec{x},t))}_{3\times 3-Matrix}\vec{v}(\vec{x},t) = \vec{f}(\vec{x},t) \qquad (2.39)$$

Aus dem Erhaltungssatz der Masse erhält man noch die folgende Bedingung:

$$\frac{\partial \rho}{\partial t} + \nabla(\rho \vec{v}) = 0 \qquad \text{(Kontinuitätsgleichung)} \tag{2.40}$$

Nun gehen wir zur relativistischen Physik über. Die Masse m und das Volumen V_{ol} sind dann nicht mehr invariant unter Koordinatentransformationen. Suchen wir also nach einer relativistischen Verallgemeinerung der beiden Beziehungen (2.39) und (2.40). Gehen wir dazu so vor, wie wir es z. B. schon bei der Bestimmung der 4er-Geschwindigkeit v^i getan haben. Dazu definieren wir die Dichte als Lorentzskalar:

$$\rho_0 = \frac{\Delta m_0}{\Delta V_{ol,0}} = \frac{\text{Ruhemasse}}{\text{Eigenvolumen}}$$

Dass die Ruhemasse ein Skalar darstellt ist bereits bekannt. Analog verhält es sich mit dem 'Eigenvolumen' $V_{ol,0}$, das das Volumen in der klassischen Physik darstellt, da dort der Raum absolut ist. Natürlich ist in der relativistischen Physik ein Volumen V_{ol} wegen der Lorentzkontraktion keine Invariante mehr unter dem Wechsel des Inertialsystems, aber das Eigenvolumen bezieht sich wie die Eigenzeit oder die Ruhemasse immer auf das Ruhesystem des Volumenelements. So wird auch ein sich beliebig bewegender Stab, der in seinem momentanen Ruhesystem die Länge von einem Meter hat, in jedem anderen System ebenfalls diese Länge haben, wenn er dort ruht. Daher ist das Eigenvolumen ein Skalar und somit auch die Dichte ρ_0, die wir im Folgenden Eigendichte nennen werden.
Machen wir darüber hinaus die folgenden Übergänge:

1. $\vec{v} \longrightarrow v^i$
2. $\nabla \longrightarrow \partial_i = \frac{\partial}{\partial x^i}$
3. $\partial t \longrightarrow \partial \tau$
4. $\vec{f} \longrightarrow f^i (= \frac{F^i}{\text{Eigenvolumenelement}})$

Damit wird (2.39) zur folgenden Tensorgleichung:

$$\rho_0 (\frac{\partial v^i}{\partial \tau} + (\partial_j v^i) v^j) = f^i$$

Wegen $\partial \tau = \frac{\partial t}{k} = \frac{\partial x^0}{ck} = \frac{\partial x^0}{v^0}$ ergibt sich:

$$\rho_0 ((\partial_0 v^i) v^0 + (\partial_j v^i) v^j) = f^i \tag{2.41}$$

Man erkennt in der Klammer, dass der erste Term schon im Zweiten enthalten ist, also zweimal vorkommt. Außerdem würde die Beziehung (2.41) im newtonschen Grenzfall ($k \to 1$) nicht wie gefordert zu (2.39) führen. Daher streichen wir den ersten Term $(\partial_0 v^i)v^0$. Damit erhält man:

$$\rho_0(\partial_j v^i)v^j = f^i \tag{2.42}$$

Dies ist nun die relativistische Verallgemeinerung der Eulergleichung (2.39), weil sich erstens (2.42) für k gegen 1 zu (2.39) führt und weil zweitens (2.42) eine Lorentztensorgleichung ist. Analog erhält man die relativistische Verallgemeinerung der Kontinuitätsgleichung (2.40):

$$\partial_i(\rho_0 v^i) = 0 \tag{2.43}$$

Mithilfe von (2.43) wird die linke Seite von (2.42) zu:

$$\partial_j(\rho_0 v^i v^j) = (\partial_j(\rho_0 v^j))v^i + \rho_0 v^j \partial_j v^i = \rho_0(\partial_j v^i)v^j. \tag{2.44}$$

Damit ist:

$$\rho_0(\partial_j v^i)v^j = \partial_j(\rho_0 v^i v^j)$$

Hierin lässt sich der Tensor $T^{ij} := \rho_0 v^i v^j$ definieren, sodass die relativistische Eulergleichung in ihrer **forminvarianten** Darstellung die Form

$$\partial_j T^{ij} = f^i \tag{2.45}$$

annimmt. Der Tensor T^{ij} ist der gesuchte **Energie-Impuls-Tensor** einer kontinuierlichen Massenverteilung. Setzt man $i = 0$ und fordert $f^i = 0$, so reduziert sich (2.45) wieder zur (relativistischen) Kontinuitätsgleichung.
Grundsätzlich kann man jedem physikalischen Feld (ausgenommen dem Gravitationsfeld) als Träger von Energie und Impuls einen Energie-Impuls-Tensor zuordnen. Dabei stellt die Komponente $T^{00}(\mathbf{x})$ (abgesehen von einem Faktor k) gerade die Energiedichte des Feldes am Ort $\mathbf{x}$ dar, während die Komponenten $T^{0\alpha}(\mathbf{x})$ die Impulsdichte des Feldes beschreibt.[19]
Setzt man ein abgeschlossenes System von Feldern voraus, so wird aus (2.45):

$$\sum_a \partial_j T_a^{ij} = \partial_j(\sum_a T_a^{ij}) = \partial_j T_{gesamt}^{ij} = 0 \tag{2.46}$$

Dabei tritt auf der rechten Seite keine Kraft mehr auf. Dies liegt einfach daran, weil diese Kraft schon in der Summe der linken Seite mit eingebracht wurde. Zum Beispiel wird die elektromagnetische Kraft f_{em}^i auf ein geladenes Teilchen durch $f_{em}^i = -\partial_j T_{em}^{ij}$ ausgedrückt, wobei T_{em}^{ij} der

[19] Aus der Kenntnis, dass die 00-Komponente des Energie-Impuls-Tensors (abgesehen vom Faktor k) mit der Energiedichte $\rho_0 c^2$ übereinstimmt, hätte man wegen $\rho_0 c^2 \overset{k\approx 1}{=} \rho_0 v^0 v^0$ sofort auf $T^{ij} = \rho_0 v^i v^j$ schließen können.

Energie-Impuls-Tensor des elektromagnetischen Feldes ist. Die Energie-Impuls-Tensoren sind in der Allgemeinen Relativitätstheorie von zentraler Bedeutung, da wegen der Energie-Masse Äquivalenz $E = mc^2$ jeder von ihnen eine Quelle für die Gravitation darstellt.

2.18 Forminvariante Maxwellgleichungen

Im Gaußschen Maßsystem lauten die Maxwellgleichungen:

$$\nabla \cdot \vec{E} = 4\pi\tilde{\rho} \qquad \nabla \times \vec{B} = \frac{4\pi}{c}\vec{j} + \frac{\partial \vec{E}}{\partial ct} \tag{2.47}$$

$$\nabla \times \vec{E} = -\frac{\partial \vec{B}}{\partial ct} \qquad \nabla \cdot \vec{B} = 0 \tag{2.48}$$

Die Maxwellgleichungen setzten die elektromagnetischen Felder $\vec{E}$ (elektrische Feldstärke) und $\vec{B}$ (magnetische Flussdichte) mit der Ladungsdichte $\tilde{\rho}$ und der Stromdichte $\vec{j}$ in Zusammenhang. Als wir am Anfang diese Kapitels nach den korrekten Transformationen suchten, die die Koordinaten zweier Inertialsysteme miteinander verbinden, diente als Lösung des Problems das Einsteinsche Relativitätsprinzip. Eine Variante hiervon lautet: Die Maxwellgleichungen gelten exakt in allen IS. Sie stellen demnach schon relativistische Feldgleichungen dar. Allerdings sieht man dies den obigen Gleichungen (2.47) und (2.48) nicht ohne weiteres an, da sie keine Tensorgleichungen darstellen. Dies wird u.a. im Folgenden nachgeholt.
Multipliziert man die rechte Gleichung in (2.47) mit ∇ (Divergenzbildung!), so ergibt sich wegen $\nabla \cdot \nabla \times \vec{B} = 0$:

$$0 = \frac{4\pi}{c}\nabla \cdot \vec{j} + \nabla \cdot \frac{\partial \vec{E}}{\partial ct} \tag{2.49}$$

Leitet man nun die linke Gleichung in (2.47) partiell nach t ab und vertauscht die Ableitung nach der Zeit mit der nach dem Ort, so erhält man:

$$\nabla \cdot \frac{\partial \vec{E}}{\partial t} = 4\pi\frac{\partial \tilde{\rho}}{\partial t}.$$

Dies in (2.49) eingesetzt ergibt die Kontinuitätsgleichung:

$$\nabla \cdot \vec{j} + \frac{\partial \tilde{\rho}}{\partial t} = 0$$

Oder auch:

$$\partial_i j^i = 0 \qquad \text{mit } j^i = (c\tilde{\rho}, \tilde{\rho}\vec{v}) \tag{2.50}$$

Da die Maxwellgleichungen in jedem IS gelten, ist auch (2.50) unabhängig vom zugrundeliegenden IS und daher ist $\partial_i j^i$ ein Lorentzskalar. Weil aber ∂_i ein Lorentzvektor ist, muss j^i nach der Quotientenregel ebenfalls ein Lorentzvektor sein. Damit ist die in den Maxwellgleichungen auftretende Ladungsdichte $\tilde{\rho}$ keine Invariante wie beispielsweise die Ruhemasse m_0, sondern die 0-Komponente eines Lorentzvektors. Nun wurde durch experimentelle Messungen nachgewiesen, dass die Ladung q eine Invariante und somit ein Lorentzskalar ist. Daher ist $\tilde{\rho}(\vec{x},t) = \Delta q(\vec{x},t)/\Delta V_{ol}$ mit dem Volumenelement $\Delta V_{ol} = dxdydz$. Das Volumenelement ΔV_{ol} unterliegt aber der Lorentzkontraktion.[20] Das heißt, dass ein Beobachter in einem IS, in dem sich das betrachtete Volumenelement mit der Geschwindigkeit v entlang der x-Achse bewegt, diesem nur noch das Volumen $\sqrt{1-\frac{v^2}{c^2}}dxdydz$ zuordnet.

Definiert man den Skalar $\tilde{\rho}_0(\vec{x},t) := \Delta q/\Delta V_{ol,0}$, so ergibt sich wegen $V_{ol,0} = k \cdot V_{ol}$:

$$\tilde{\rho} = k\tilde{\rho}_0 = \frac{1}{\sqrt{1-\frac{v^2}{c^2}}}\tilde{\rho}_0$$

Also kann man die 4er-Stromdichte j^i in (2.50) auch wie folgt schreiben:

$$j^i = (\tilde{\rho}_0 kc, k\tilde{\rho}_0\vec{v}) = \tilde{\rho}_0 v^i$$

Ob man die Ladungsdichte $\tilde{\rho}$ oder 'Eigenladungsdichte' $\tilde{\rho}_0$ benutzt, ist im Grunde genommen egal.[21] Da aber die Ladungsdichte $\tilde{\rho}$ und nicht die invariante Eigenladungsdichte in den Maxwellgleichungen steht, wird diese auch weiterhin zur Bezeichnung der Ladungsdichte benutzt.[22]

Führen wir nun die angekündigte Umformung der Maxwellgleichungen durch. Aus der rechten Gleichung in (2.48) folgt die Existenz eines Vektorfeldes $\vec{A}$ mit

$$\vec{B} = \nabla \times \vec{A} \tag{2.51}$$

Das Feld $\vec{A}$ wird auch Vektorpotential genannt. Wird dies in die linke Maxwellgleichung von (2.48) eingesetzt, so erhält man:

$$\nabla \times (\vec{E} + \frac{\partial \vec{A}}{\partial ct}) = 0$$

Hieraus folgt wiederum die Existenz eines skalaren Feldes Φ mit

$$-\nabla\Phi = \vec{E} + \frac{\partial \vec{A}}{\partial ct} \tag{2.52}$$

[20] Im Gegensatz zum Eigenvolumenelement.

[21] Man beachte allerdings: $dq = \tilde{\rho} dV_{ol} = \tilde{\rho}_0 dV_{ol,0}$.

[22] Man kan den Viererstrom auch explizit wie folgt schreiben: $j^i(x) = \sum_n q_n \delta^3(x - x_n(t))\frac{dx_n^i}{dt}$.

Dabei sind $\vec{A}$ und Φ nicht eindeutig festgelegt. Man hat vielmehr die Freiheit durch Wahl einer recht beliebigen Funkion κ auch folgende (transformierten) Felder zu benutzen:

$$\vec{A}' = \vec{A} + \nabla\kappa \qquad \Phi' = \Phi - \frac{\partial\kappa}{\partial ct} \tag{2.53}$$

Werden nämlich die neuen Felder $\vec{A}', \Phi'$ anstelle der Alten in (2.51) und (2.52) eingesetzt, so bleiben die Gleichungen (2.51) und (2.52) unverändert. Führt man die Größe $A^i = (\frac{\Phi}{c}, \vec{A})$ ein, so lässt sich (2.53) auch einfach als $A'^i = A^i + \partial^i\kappa$ schreiben. Eine solche Transformation wird auch **Eichtransformation** genannt.
Drückt man die Felder $\vec{E}$ und $\vec{B}$ über das Vektorpotential $\vec{A}$ und das skalare Feld Φ aus, so erfüllen sie offensichtlich direkt die Maxwellgleichungen in (2.48). Definiert man die antisymmetrische Größe

$$F^{ij} := \partial^i A^j - \partial^j A^i,$$

die als Matrix die Form[23]

$$F^{ij} = \begin{pmatrix} 0 & -E_x & -E_y & -E_z \\ E_x & 0 & -B_z & B_y \\ E_y & B_z & 0 & -B_x \\ E_z & -B_y & B_x & 0 \end{pmatrix}$$

annimmt, so lassen sich mithilfe von F^{ij} die Maxwellgleichungen in (2.47) und (2.48) auch folgendermaßen schreiben:

$$(2.47) \Leftrightarrow \partial_i F^{ik} = \frac{4\pi}{c} j^k \qquad (2.48) \Leftrightarrow \partial_i F_{jk} + \partial_j F_{ki} + \partial_k F_{ij} = 0 \tag{2.54}$$

Insbesondere lässt sich anhand der linken Gleichung mithilfe des Quotiententheorems erkennen, dass F^{ij} ein Lorentztensor der Stufe 2 darstellt. Er wird **Feldstärkentensor** genannt. Mithilfe des Quotiententheorems folgt außerdem, dass A^i ein Lorentzvektor ist. Die Gleichung (2.54) ist die gesuchte Tensordarstellung der Maxwellgleichungen. Dieser Darstellung ist die Forminvarianz unter Lorentztransformationen direkt anzusehen, was in (2.47) und (2.48) nicht der Fall war.
Die Maxwellgleichungen lassen sich auch noch in einer dritten Form angeben. Hierzu fordert man die sogenannte **Lorentzeichung** $\partial_i A^i = 0$, was wegen der Eichtransformationen (2.53) immer möglich ist. Die Lorentzeichung sowie das Einsetzen von (2.52) in (2.47) liefert die dritte Darstellung

[23]Hierfür wurde (2.51) und (2.52) benutzt.

der Maxwellgleichungen:

$$\boxed{\Box A^i = \frac{4\pi}{c} j^i \qquad (\partial_i A^i = 0)} \tag{2.55}$$

Auch bei dieser Darstellung ist die Forminvarianz offenkundig.
Wenden wir uns abschließend noch der Bestimmung des Energie-Impuls-Tensor des elektromagnetischen Feldes zu. Hierzu betrachten wir ein geladenes Teilchen auf das im elektromagnetischen Feld bekanntlich die Lorentzkraft wirkt. Somit gilt mit $f^i = (f^0, k \cdot \vec{f}_{lor.})$ die Bewegungsgleichung:

$$\frac{d}{d\tau} p^i = f^i \qquad \Rightarrow \qquad \frac{d(k \cdot m_0 \vec{v})}{dt} = q(\vec{E} + (\frac{v}{c} \times \vec{B})) \tag{2.56}$$

Das letzte Ergebnis lässt sich auch wie folgt anschreiben:[24]

$$m_0 \frac{dv^\alpha}{d\tau} = \frac{q}{c} F^{\alpha\beta} v_\beta =: F^\alpha \qquad (\alpha, \beta = 1, 2, 3) \tag{2.57}$$

Teilt man diese Gleichung durch das Eigenvolumenelement $\Delta V_{ol,0}$ und nimmt die 0-Komponente mit, so ergibt sich die zu (2.57) analoge Beziehung:

$$f^i = \frac{1}{c} j_k F^{ik} \tag{2.58}$$

Mithilfe der Maxwellgleichungen (2.54) und der Antisymmetrie des Feldstärkentensors ($F^{ij} = -F^{ji}$) lässt sich nun die rechte Seite in (2.58) wie folgt umformen:

$$\frac{1}{c} j_k F^{ik} = \frac{1}{4\pi} (\partial^l F_{ik}) F^{ik} = \frac{1}{4\pi} (\partial^l (F^{ik} F_{lk}) - (\partial^l F^{ik}) F_{lk}) =$$

$$\overset{\text{(antisymm.)}}{=} \frac{1}{4\pi} (\partial^l (F^{ik} F_{lk}) - \frac{1}{2} (\partial^l F^{ik}) F_{lk} - \frac{1}{2} (\partial^k F^{il}) F_{kl}) =$$

$$= \frac{1}{4\pi} (\partial^l (F^{ik} F_{lk}) - \frac{1}{2} (\partial^l F^{ik} + \partial^k F^{li}) F_{lk}) \overset{(2.54)}{=} \frac{1}{4\pi} (\partial^l (F^{ik} F_{lk}) + \frac{1}{2} (\partial^i F^{kl}) F_{lk}) =$$

$$\overset{\text{(antisymm.)}}{=} \frac{1}{4\pi} (\partial^l (F^{ik} F_{lk}) - \frac{1}{4} \partial^i (F^{lk} F_{lk})) = \frac{1}{4\pi} (\eta^{lm} \partial_m (F^{ik} F_{lk}) - \frac{1}{4} \partial^i (F^{lk} F_{lk})) =$$

$$= \frac{1}{4\pi} (\partial_m (F^{ik} F_k^m) - \frac{1}{4} \eta^{im} \partial_m (F^{lk} F_{lk})) =$$

$$= \partial_m (\frac{1}{4\pi} ((F^{ik} \eta_{kn} F^{mn}) - \frac{1}{4} \eta^{im} (F^{lk} F_{lk}))) =: -\partial_m T^{im}$$

In der letzten Gleichung wurde der Tensor

$$\boxed{T^{im} = -\frac{1}{4\pi} ((F^{ik} \eta_{kn} F^{mn}) - \frac{1}{4} \eta^{im} (F^{lk} F_{lk}))}$$

eingeführt, der den **Energie-Impuls-Tensor** des em-Feldes darstellt.

[24]Man kann dies einfach durch direktes nachrechnen zeigen.

2.19 Relativistischer Lagrange-Formalismus

In der klassischen Physik wird die Bewegung eines Teilchens in einem Potential oft über den sog. Lagrange-Formalismus berechnet und dieser Formalismus liefert auch in der relativistischen Physik gute Dienste.
Fangen wir mit der Bewegung eines 'freien' Teilchens an. Für die Bahn eines freien Teilchens ist nach dem Prinzip der kleinsten Wirkung das folgende Integral stationär:[25]

$$S := -m_0 c \int ds, \qquad ds = \sqrt{\eta_{ij} dx^i dx^j} \tag{2.59}$$

Die Konstante $m_0 c$ stellt sicher, dass S tatsächlich die Einheit einer Wirkung hat. Die Wirkung S stellt eine Invariante unter Lorentztransformationen darstellt, sodass (2.59) unabhängig vom Inertialsystem immer das gleiche Resultat liefert. Nun hat man zwei Möglichkeiten, aus (2.59) Nutzen zu ziehen. Einmal lässt sich ds wie folgt umformen: $ds = cd\tau = c\sqrt{1 - v^2/c^2}dt$. Damit wird S zu:

$$S = -m_0 c \int c\sqrt{1 - \frac{v^2}{c^2}}dt =: \int L(v)dt \tag{2.60}$$

Im letzen Schritt von (2.60) wurde die Lagrangefunktion

$$L(v) = -m_0 c^2 \sqrt{1 - \frac{v^2}{c^2}} \tag{2.61}$$

eingeführt. Da für $v \ll c$ in sehr guter Näherung $\sqrt{1 - v^2/c^2} \approx 1 - \frac{1}{2}v^2/c^2$ gilt, liefert (2.61) im Grenzfall kleiner Geschwindigkeiten die für ein freies Teilchen erwartete klassische Lagrangefunktion $L = \frac{1}{2}m_0 v^2$.[26] Weiterhin ergibt sich aus (2.61) per Definition der verallgemeinerte Impuls $\mathbf{P}$ sowie der Hamilton H:

$$\mathbf{P} := \frac{\partial L}{\partial \vec{v}} = k \cdot m_0 \vec{v} \qquad H := \mathbf{P} \cdot \vec{v} - L = k \cdot m_0 c^2 = \sqrt{m_0^2 c^2 + \mathbf{p}^2} \tag{2.62}$$

Für ein freies Teilchen stimmt daher der verallgemeinerte Impuls $\mathbf{P}$ mit den räumlichen Komponenten von p^i überein (diese wurden gerade durch $\mathbf{p}$ abgekürzt), während H identisch mit der 0-Komponente p^0 ist, also für die Energie des Teilchens steht.
Weiterhin lässt sich aus (2.59) die Bewegungsgleichung des Teilchens ableiten. Dazu führt man einen Parameter κ ein, mit dem die Wirkung S

[25] Dabei wird dr im klassischen Wirkungsintegral durch ds ersetzt.
[26] bis auf eine unwesentliche Konstante $-m_0 c^2$

folgendermaßen umgeschrieben werden kann:

$$S = -m_0 c \int \frac{ds}{d\kappa} d\kappa = -m_0 c \int \sqrt{n_{ij} \frac{dx^i}{d\kappa} \frac{dx^j}{d\kappa}} d\kappa =: -m_0 c \int L d\kappa \tag{2.63}$$

Dass für den Parameter $d\kappa$ nicht direkt das Eigenzeitdifferential $d\tau$ verwendet wird, hat folgende Ursache: Würde man $d\tau$ in (2.63) verwenden, hätte die Variation von S durch die Nebenbedingung $n_{ij} \frac{dx^i}{d\tau} \frac{dx^j}{d\tau} = c^2$ eingeschränkt werden müssen. Um dies zu umgehen, benutzt man erst einmal einen Parameter κ. Verwendet man nun die Lagrangegleichungen

$$\frac{d}{d\kappa} \frac{\partial L}{\partial (\frac{dx^i}{d\kappa})} = \frac{\partial L}{\partial x^i} \tag{2.64}$$

und setzt am Ende der Rechnung noch $d\kappa = d\tau = \frac{ds}{c}$, so ergibt dies mit $\sqrt{n_{ij} \frac{dx^i}{d\tau} \frac{dx^j}{d\tau}} = c$ die Bewegungsgleichung für ein freies Teilchen:

$$\frac{d^2}{d\tau^2} x^i = 0 \tag{2.65}$$

Die vorübergehende Einführung von κ anstelle von τ kann daher als ein mathematischer Trick aufgefasst werden. Prinzipiell kann man nämlich auch durchgehend mit τ arbeiten, wenn man τ erst einmal als einen die Bahn $x^i(\tau)$ charakterisierenden Parameter auffasst, dem man dann am Ende der durchzuführenden Rechnungen die physikalische Bedeutung der Eigenzeit zuordnet, sodass $n_{ij} \frac{dx^i}{d\tau} \frac{dx^j}{d\tau} = c^2$ gilt. Die anfängliche Parametrisierung durch κ ist aber insofern zu empfehlen, weil man hierdurch vor einer zu frühen Verwendung von $n_{ij} \frac{dx^i}{d\tau} \frac{dx^j}{d\tau} = c^2$ in der Rechnung 'geschützt' ist.
Es stellt sich die Frage, ob der mit dem Lagrange-Formalismus verbundene Aufwand den Nutzen desselbigen aufwiegt. Für den Fall des freien Teilchens ist diese Fragestellung sicherlich gerechtfertigt. Wirklich nützlich wird der Formalismus erst bei der Behandlung von komplizierteren Problemen: In (2.56) wurde schon die Bewegungsgleichung eines geladenen Teilchens in einem elektromagnetischen (em) Feld angeschrieben. Die Gültigkeit dieser Beziehung ist aber sicher nicht ohne Weiteres zu erkennen. Mittels des Lagrange-Formalismus gelangt man aber recht zwanglos auf (2.56). Dabei tritt in (2.59) noch ein zusätzlicher Term S_{em} auf, der die Kopplung des em-Felds mit dem Teilchen beschreibt. Um diesen Zusatzterm zu bestimmen, werfen wir einen Blick auf die klassische Wirkung S_{kl}, die einem geladenen Teilchen im skalaren Feld ϕ zukommt:

$$S_{\text{kl}} = \int \underbrace{\left(-m_0 c^2 + \frac{1}{2} m_0 v^2 - q\phi\right) dt}_{L_{\text{kl}} = E_{\text{kin}} - E_{\text{pot}}}$$

Dabei ist die relativistische Verallgemeinerung von $-m_0c^2 + \frac{1}{2}m_0v^2$ gerade $\sqrt{1-\frac{v^2}{c^2}}m_0c^2$. Die relativistische Verallgemeinerung des Terms $q\phi$ ist $\int \frac{1}{c}j_iA^id^3x$. Verwendet man nämlich $j_i = (q \cdot c\delta^3(x'-x), q\vec{v}\delta^3(x'-x))$ und $A^i = (\frac{1}{c}\phi, 0, 0, 0)$, so gilt:

$$\int \frac{1}{c}j_iA^id^3x = q\phi$$

Also nimmt der durch das em-Feld verursachte Term die folgende Gestalt an:

$$S_{\text{em}} := -\frac{1}{c}\int j_iA^id^3xdt = -\frac{q}{c}\int A_i\frac{dx^i}{dt}dt$$

S_{em} stellt wieder eine Lorentzinvariante dar, so wie es auch sein soll. Damit ergibt sich für die gesamte Wirkung S der Ausdruck:

$$S = -m_0c\int ds + S_{em} = -\int(m_0c\sqrt{n_{ij}\frac{dx^i}{d\kappa}\frac{dx^j}{d\kappa}} + \frac{q}{c}\frac{dx^i}{d\kappa}A_i)d\kappa = -\int Ld\kappa. \tag{2.66}$$

Wendet man hierauf wieder die Lagrangegleichungen (2.64) an und setzt abschließend noch $d\tau$ für $d\kappa$ ein, so darf wieder $\sqrt{n_{ij}\frac{dx^i}{d\tau}\frac{dx^j}{d\tau}} = c$ verwendet werden und man erhält die schon in (2.56) aufgeführte Bewegungsgleichung.

Hat man die beiden in (2.62) definierten Größen $\mathbf{P}$ und H zu bestimmen, so muss die Wirkung S aus (2.66) in der folgenden Weise angeschrieben werden:

$$S = -\int(m_0cds + \frac{q}{c}A_idx^i) = \int(-m_0c^2\sqrt{1-\frac{v^2}{c^2}} + \frac{q}{c}\vec{A}\cdot\vec{v} - q\phi)dt =: \int Ldt \tag{2.67}$$

Damit ergibt sich:

$$\mathbf{P} := \frac{\partial L}{\partial \vec{v}} = k \cdot m_0\vec{v} + \frac{q}{c}\vec{A} \tag{2.68}$$

$$H := \mathbf{P}\cdot\vec{v} - L = k \cdot m_0c^2 + q\phi = q\phi + c\sqrt{m_0^2c^2 + (\mathbf{P} - \frac{q}{c}\vec{A})^2}.$$

Zieht man in der letzten Gleichung den Term $m_0^2c^2$ vor die Wurzel und entwickelt anschließend die Wurzel bis zur 2. Ordnung, so kann der Hamilton H in der kompakten Form

$$\boxed{H = q\phi + m_0c^2 + \frac{(\mathbf{P} - \frac{q}{c}\vec{A})^2}{2m_0}}$$

dargestellt werden. Diese Form des Hamilton (sog. **minimale Kopplung**) wird häufig in der Quantenmechanik zur Beschreibung eines geladenen Teilchens in einem em-Feld verwendet, wobei dort $\mathbf{P}$ durch den Impulsoperator $-i\nabla$ ersetzt wird. Tatsächlich besteht die 'minimale Kopplung' nach (2.68) in der Ersetzung des verallgemeinerten (kanonische) Impulses $\mathbf{P} = \partial L/\partial \vec{v}$ durch den 'kinetischen' Impuls $m\vec{v} = \mathbf{P} - \frac{q}{c}\vec{A}$.

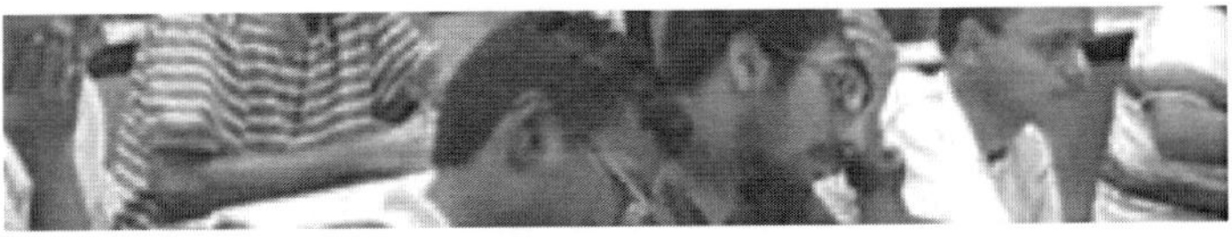

2.20 Übungsaufgaben zur Speziellen Relativitätstheorie

Aufgabe 1) Zeigen Sie: $\Box \equiv \partial_\mu \partial^\mu$ ist lorentzinvariant.

Aufgabe 2) Bestimmen Sie eine Näherung für $1/\sqrt{1-\beta^2}$ mit $\beta = v/c$. Ab welcher Geschwindigkeit liefert ihre Näherung einer Fehler von 10 %?

Aufgabe 3) Sie fliegen mit ihrem Raumschiff zum Doppelsternsystem Alpha Centauri, das etwa 4 Lichtjahre von der Erde entfernt ist. Mit welcher Geschwindigkeit v müssen Sie fliegen, damit für Sie die Reise nur ein Jahr dauert? Welche Zeit ist dann auf der Erde vergangen?

Aufgabe 4) In einem IS findet die Ereignisse E1: $(2\,\mathrm{s}, 100000\,\mathrm{km}, 0, 0)$ und E2: $(3\,\mathrm{s}, 900000\,\mathrm{km}, 0, 0)$ statt. Mit welcher Relativgeschwindigkeit v muss ein System IS′ sich zu IS bewegen, damit E1 und E2 dort gleichzeitig stattfinden?

Aufgabe 5) Ein ruhender Körper erfährt ab dem Zeitpunkt $t = 0$ s die konstante Beschleunigung von 10 m/s^2. Wie lange muss der Körper fallen, damit er 99 % (bzw. 99,9 %) der Lichtgeschwindigkeit annimmt. Beantworten Sie die Frage aus Sicht des Körpers und aus Sicht eines Beobachters, der den Körper fallen sieht.

Aufgabe 6) Eine Streitmacht aus Panzerfahrzeugen will ein friedliebendes Volk überfallen. Die Panzerfahrzeuge haben eine Länge von 10 m und fahren mit einer Geschwindigkeit von $v = 0.99c$. Das friedliebende Volk gräbt daraufhin tiefe Löcher (mit einem extrem starken Magneten am Lochboden), die eine Breite von 2 m haben.
a) Was hat sich das Volk dabei gedacht, die Löcher nur 2 m breit zu machen?
b) Warum schrecken die Löcher die Panzerfahrer nicht ab?

c) Welche der beiden Parteien wird als Sieger aus dem Konflikt hervorgehen?

Aufgabe 7) Die Sonne setzt pro Sekunde eine Energie ca. $4 \cdot 10^{26}$ J frei.
a) Wieviel Energie bekommt die Erde davon pro Sekunde ab (Entfernung Erde Sonne: 8 Lichtminuten) und welcher Masse entspricht diese Energiemenge?
b) Um welchen Faktor übersteigt dieser Wert den sekündlichen Weltenergieverbrauch von ca. $2 \cdot 10^{13}$ J?

Kapitel 3

Grundlagen der Allgemeinen Relativitätstheorie

Dieses Kapitel ist folgendermaßen aufgebaut: Am Anfang steht eine Einführung in die Theorie der **Riemannräume**, gefolgt von einer Verallgemeinerung des metrischen Tensors auf krummlinige Koordinaten bzw. gekrümmte Räume. Anschließend werden die sogenannten **Christoffelsymbole** eingeführt. Diese (nichttensoriellen) Größen lassen sich mithilfe des metrischen Tensors berechnen und stellen die Grundlage für die sogenannte **Parallelverschiebung** eines Vektors in einem gekrümmten Raum dar. Mithin lässt sich mit der Parallelverschiebung die Bewegung eines freien Teilchens im gekrümmten Raum sukzessive berechnen. Tatsächlich sind der metrische Tensor $\mathbf{g}$ und damit die Christoffelsymbole im Allgemeinen unbekannt. Hier kommen die **Einsteinschen Feldgleichungen** ins Spiel, die den unbekannten metrischen Tensor und eine gegebene Masseverteilung in Beziehung setzen. Für einfache Masseverteilungen werden die Feldgleichungen exakt gelöst, d.h., der metrische Tensor kann anhand der Masseverteilung berechnet werden.

3.1 Allgemeines Relativitätsprinzip

Bislang waren es die Inertialsysteme, die vor allen anderen Koordinatensystemen bevorzugt wurden. Insbesondere wurde von den Naturgesetzen die Forminvarianz gegenüber dem Wechsel des Inertialsystems gefordert. In der Allgemeinen Relativitätstheorie löst man sich nun von dieser Einschränkung und fordert: Die Form der Naturgesetze bleibt in 'allen Koordinatensystemen' erhalten. Damit werden alle Koordinatensysteme als gleichberechtigt angesehen, was nicht heißen muss, dass die Wahl des KS bei einem konkreten Problem völlig belanglos ist. Natürlich kann eine günstige Wahl des KS eine Rechnung wesentlich vereinfachen.

War oben von 'allen Koordinatensystemen' die Rede, so sind darunter die Koordinatensysteme gemeint, die benachbarten Ereignissen auch benachbarte Koordinaten zuordnen. Wir präzessieren dies aber noch im nächsten Abschnitt. Abschließend noch eine kleine Anmerkung: Aus Bequemlichkeit wird im Folgenden häufig die Ortsabhängigkeit einer indizierten Größe nicht mit angeschrieben.

3.2 Gekrümmte Räume - Riemannräume

War die Grundlage der Speziellen Relativitätstheorie (SRT) der flache Minkowskiraum, so treten an seine Stelle in der Allgemeinen Relativitätstheorie (ART) i. Allg. gekrümmte Räume, sogenannte Riemannräume. Daher geht dieser Abschnitt ein wenig auf diese Räume ein. Letztendlich wird man sich aber unter einem Riemannschen Raum einfach eine gekrümmte Fläche, eingebettet im Anschauungsraum, vorstellen, um sich gewisse Probleme bzw. Aussagen zu veranschaulichen. Es wird später plausibel gemacht, dass auch der physikalische vierdimensionale Raum i. Allg. gekrümmt ist und somit das Folgende seine Rechtfertigung hat.[1]
Als Musterbeispiel eines gekrümmten Raumes dient die **Kugeloberfläche** K. Denken wir uns diese Fläche stellvertretend für den vierdimensionalen physikalischen Raum. Damit stellt jeder Punkt auf der Kugeloberfläche ein Raumzeitpunkt des vierdimensionalen Raumes dar. Es lässt sich nun ein Koordinatensystem x^i auf der Kugelsphäre einführen. Dies geschieht z. B. dadurch, dass man jedem Punkt der Kugeloberfläche zwei Winkel $x^1 = \alpha, x^2 = \beta$ zuordnet. Die Zuordnung geht aus der Abbildung 3.1 hervor. Mathematisch drückt sich diese Zuordnung Z folgendermaßen aus:

$$Z : K \longrightarrow A \subset \mathbb{R}^2 \qquad (A = [-\frac{\pi}{2}, \frac{\pi}{2}[\times[0, 2\pi[) \tag{3.1}$$

Eine andere Zuordnung Z' erhält man z. B. mit der stereographischen Projektion. Mit der Einführung eines Koordinatensystems geht damit auch immer eine Zuordnung Z einher. Sie legt gerade fest, in welcher Weise die Koordinaten des eingeführten Koordinatensystems mit den Ereignissen des realen physikalischen Raumes zusammenhängen. Man wird aber nur solche Koordinatensysteme zulassen, deren zugehörige Zuordnung Z folgende Bedingung erfüllt:

- Z ist eindeutig.

[1] Man beachte aber: so wie der Minkowskiraum einen pseudoeuklidschen Raum darstellt (da auch negative Abstände $(\Delta s)^2 < 0$ möglich sind), so wird auch die Verallgemeinerung des Minkowskiraums einen pseudoriemanschen Raum liefern.

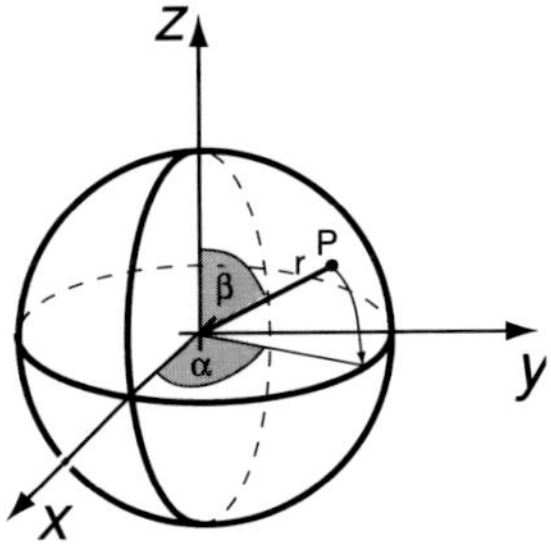

Abbildung 3.1: Kugelkoordinaten: Anstelle der kartesischen Koordinaten treten die beiden Winkelkoordinate n α und β.

- Z ist stetig.

Die Forderung der Stetigkeit haben wir im Prinzip schon im letzten Abschnitt aufgestellt, als wir die Aussage 'alle Koordinatensysteme' etwas eingeschränkt hatten.
Nun stellt man fest, dass sich in (3.1) nicht die ganze Kugeloberfläche auf diese Weise auf $A \subset \mathbb{R}^2$ abbilden lässt. Man muss die 'Pole' aus K absondern, damit Z den ersten Punkt erfüllt. Es ist sogar unmöglich ein Zuordnung Z zu finden, welche beide Bedingungen erfüllt und somit die kompakte Kugeloberfläche eineindeutig und stetig auf eine Teilmenge des $\mathbb{R}^2$ abbildet. Für jede echte Teilmenge von K ist dies jedoch möglich. Daher begnügen wir uns damit, dass wir für jeden Punkt P von K samt einer dazugehörigen (endlichen) Umgebung eine Abbildung finden können, die den zwei Bedingungen gerecht wird. Konkret heißt dies, dass man im realen physikalischen Raum i. Allg. kein den gesamten Raum adressierendes KS einführen kann, das den obigen zwei Punkten gerecht wird.
Führen wir jetzt ein zweites Koordinatensystem KS$'$ mit der zugehörigen Zuordnung Z' ein:

$$Z' : H \subset K \longrightarrow B \subset \mathbb{R}^2$$

Damit lassen sich, bei geeigneter Wahl des Definitionsbereichs, folgende Abbildungen definieren:

$$Z \circ Z'^{-1} : x^i = x^i(x'^1, x'^2)$$

$$Z' \circ Z^{-1} : x'^i = x'^i(x^1, x^2) \qquad (i = 1, 2)$$

Diese Abbildungen stellen gerade Koordinatentransformationen von KS$'$ nach KS und umgekehrt dar. Man verlangt noch von diesen Funktionen,

dass sie beliebig oft stetig-differenzierbar sind. Für den Fall der Kugeloberfläche lässt sich diese Bedingung erfüllen.
Liegt nun ein Raum R zugrunde, in dem ein (infinitesimaler) Abstand ds über

$$ds^2 = g_{nm}(x^i)dx^n dx^m$$

mit $g_{nm} = g_{mn}$ und $\det(g_{nm}) \neq 0$ sowie $g_{ij}g^{jk} = \delta_i^k$ definiert ist und für den man wie bei der Kugeloberfläche Koordinatensysteme einführen kann, sodass die Komposition der zugehörigen Zuordnungen (Koordinatentransformation) die obigen Forderungen der Differenzierbarkeit erfüllen, so wird dieser Raum als Riemannscher Raum bezeichnet. Dabei stellt sich der reale physikalische Raum gerade als ein zu dieser Gruppe von Räumen zugehöriger Raum dar.
Auf der Kugeloberfläche $K = \{(x, y, z) : x^2 + y^2 + z^2 = r^2\}$ wird man, unter Verwendung der Koordinaten α, β aus der Abbildung 3.1, das Abstandsquadrat zweier infinitesimal benachbarter Punkte P und Q wie folgt einführen:[2]

$$\overline{PQ}^2 = r^2 d\alpha^2 + r^2 \sin^2 \alpha d\beta^2 = g_{ij}dx^i dx^j \qquad (i, j = 1, 2)$$

Wobei $dx^1 = d\alpha$ und $dx^2 = d\beta$ und

$$g_{ij} = \begin{pmatrix} r^2 & 0 \\ 0 & r^2 \sin^2 \alpha \end{pmatrix} \tag{3.2}$$

ist. Dabei ist g_{ij} der metrische Tensor bezüglich des gewählten Koordinatensystems. Benutzt man eine andere Zuornung Z' (also ein anderes Koordinatensystem), so wird der Zusammenhang zwischem dem Abstand $\overline{PQ}$ und den zugehörigen Koordinatendifferentialen anders lauten (anderes g_{ij}!). Kennt man aber den Zusammenhang zwischen den alten und neuen Koordinaten, so lässt sich aus der Kenntnis des alten Abstandbegriffs der Neue berechnen (vgl. (2.20)).

Um Tensoren in einem gekrümmten riemannschen Raum R ihren physikalischen Inhalt (falls vorhanden) geben zu können, ist noch der Begriff des **Tangentialraumes** von zentraler Bedeutung. Dazu stelle man sich einen gekrümmten Raum R als Fläche vor, die in einem höherdimensionalen euklidschen Raum E eingebettet ist, so wie es bei der Kugeloberfläche im Anschauungsraum der Fall ist. Betrachtet man nun einen Punkt P aus R. Hat R die Dimension n und hat man in P und der Umgebung ein Koordinatensystem x^i eingeführt, in dem P die Koordinaten $(x_P^1, \ldots, x_P^n)$ hat. Nun werden n Kurven in R betrachtet, die allesamt durch P verlaufen.

[2]Die Punkte P und Q haben die Koordinaten (α_P, β_P) und $(\alpha_P + d\alpha, \beta_P + d\beta)$.

Dabei seien die Kurven durch einen Parameter t parametrisiert und für $t = 0$ sind die Punkte aller Kurven identisch mit P. Die Kurven seien wie folgt gewählt:

1\. Kurve: $(x^1(t), x_P^2, \ldots, x_P^n)$, $x^1(t = 0) = x_P^1$

$\vdots$

n. Kurve: $(x_P^1, \ldots, x_P^{n-1}, x_t^n)$, $x^n(t = 0) = x_P^n$

Betrachten wir nun den N-dimensionalen euklidschen Raum E $(N > n)$. Dieser Punktraum kann sofort einem Vektorraum $\mathbb{V}$ zugeordnet werden, so wie auch der dreidimensionale Anschauungsraum als Punktraum und zugleich als Vektorraum aufgefasst werden kann. Man greift jetzt gerade solche n Vektoren aus $\mathbb{V}$ heraus, die, angelegt im Punkt P, in die Richtung der Tangenten der einzelnen Kurven in P zeigen. Diese n Vektoren stellen ein Basissystem des (n-dimensionalen) Tangentialraumes T dar und sind gerade die Basisvektoren, die einem Tensor (genauer: dessen Darstellung) im Punkt P zuzuordnen sind. Zur Illustration des Tangentialraumes im Punkt $P(\alpha = \frac{\pi}{2}, \beta = \frac{\pi}{2})$ dient die Abbildung 3.2.

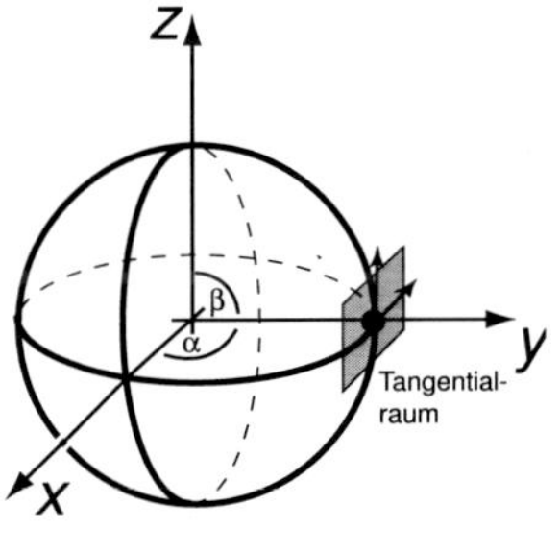

Abbildung 3.2: Tangentialraum.

Konstruiert man nun n Vektoren aus T die paarweise orthogonal zueinander sind und legt diese im Punkt P an, so spannen sie ein n-dimensionales kartesisches Koordinatensystem auf, in dem P den Ursprung bildet. Projiziert man dann die Koordinatenachsen auf R, erhält man ein neues Koordinatensystem (ξ'^i), welches die Eigenschaft hat, dass der metrische Tensor in P und einer infinitesimalen Umgebung von P in erster Näherung die Form annimmt, die ihm in kartesischen Koordinatensystemen zu eigen ist.

Im Falle der Kugeloberfläche ergäbe sich also für **g**:

$$g_{ij} = \begin{pmatrix} 1 & 0 \\ 0 & 1 \end{pmatrix}$$

Im vierdimensionalen physikalischen Raum erhält man für solche Koordinatensysteme gerade η. Diese Systeme werden dann durch die 'frei fallenden Koordinatensysteme' repräsentiert, die wir auch als lokale Inertialsysteme bezeichnen werden.

Betreibt man nun Tensorrechnung in einem gekrümmten Raum, so lässt sich der Bezug zur realen physikalischen Größe gerade durch die Basisvektoren des Tangentialraumes herstellen. Ansonsten darf man die gesamte Tensorrechnung aus Kapitel 1 auch in gekrümmten (riemannschen) Räumen anwenden. Der Unterschied zur speziellen Relativitätstheorie liegt einfach darin, dass jetzt nahezu beliebige Koordinatentransformationen vorgenommen werden dürfen und der Raum i. Allg. nicht mehr als flach anzusehen ist. Wie auch in der speziellen Relativitätstheorie wird man versuchen, die Naturgesetze forminvariant zu gestalten. Dabei kann man sich aber i. Allg. keiner Lorentztensoren mehr bedienen, weil diese ja nur unter Lorentztransformationen Tensorcharakter haben. Trotzdem wird sich über das sogenannte Kovarianzprinzip eine Möglichkeit eröffnen, die es erlaubt, aus Lorentztensorgleichungen allgemeine Tensorgleichungen (Riemanntensorgleichungen) abzuleiten, die somit unter beliebigen Koordinatentransformationen forminvariant sind.

Zum Abschluss dieses Abschnitts wird der Leser noch mit Fragestellungen konfrontiert, die man sich im Zusammenhang mit gekrümmten Räumen stellen könnte:

- Wie kann ein Wesen feststellen, ob der Raum, in dem es lebt, gekrümmt ist?
- Wie gelangt ein Wesen zu einem Abstandsbegriff, falls der Raum gekrümmt ist? Bei der Kugeloberfläche war die Angabe einer speziellen Metrik (3.2) einfach, da wir uns die Kugeloberfläche im Anschauungsraum leicht vorstellen konnten. Indes hätte ein auf der Oberfläche lebendes zweidimensionales Wesen Schwierigkeiten bei gleicher Koordinatenwahl zu (3.2) zu gelangen.

Die Beantwortung der ersten Frage ist einfach: Man stelle sich dazu ein auf der Kugeloberfläche lebendes zweidimensionales Wesen vor. Im Kleinen wird es die Welt als flach ansehen, da wie in der euklidschen Geometrie der Umfang U eines (hinreichend kleinen) Kreises mit seinem Radius R über

2π verknüpft ist. Wird es aber einen hinreichend großen Kreis zeichnen, so muss das Wesen eine Änderung des Verhältnisses $\frac{U}{R} < 2\pi$ feststellen. Mit dieser Erkenntnis wird es die Welt, in dem es lebt, als gekrümmt betrachten. Wir werden später noch einen Tensor angeben, der uns Auskunft über die Krümmung eines Raumes gibt.
Auf die zweite Frage lassen sich drei Antworten geben. Einmal kann das Wesen durch direktes Ausprobieren zur richtigen Metrik gelangen. Oder aber es führt im Punkt P ein lokales kartesisches Koordinatensystem x^i ein. Mit diesen Koordinaten wird $\overline{PQ}^2 = (dx^1)^2 + (dx^2)^2$. Kennt es dann noch den Zusammenhang $x^i = x^i(\alpha, \beta)$, so lässt sich mit

$$dx^i = \frac{\partial x^i}{\partial \alpha} d\alpha + \frac{\partial x^i}{\partial \beta} d\beta$$

(3.2) bestimmen. Die 3. Lösungsmöglichkeit ist die, dass sich das Wesen über die physikalischen Ursachen der Krümmung bewusst wird und somit eine Theorie aufstellt, aus der sich die Metrik (also g_{ij}) direkt ergibt. Diesen Weg hatte auch Einstein eingeschlagen.

3.3 Das Äquivalenzprinzip

In der newtonschen Mechanik unterscheidet man zwischen der trägen und der schweren Masse m_t und m_s. Die träge Masse eines Körpers ist ein Maß für sein Beharrungsvermögen. Die schwere Masse eines Körpers ist ein Maß für die Fähigkeit, ein Gravitationsfeld zu erzeugen oder von einem solchen beeinflusst zu werden. Daher wird die schwere Masse auch als Gravitationsladung bezeichnet.
Hieraus geht hervor, dass zunächst beide Massen nichts miteinander zu tun haben. Nun stellte aber schon Galilei fest, dass alle Körper (von Reibungseinflüssen abgesehen) gleich schnell zur Erde hin fallen. Liegt also eine konstante Gravitation vor, so ist die auf die träge Masse eines Körpers wirkende Kraft G gerade $m_s g$. Diese Kraft G bewirkt aber eine Beschleunigung a des Körpers, sodass die bekannte Beziehung

$$m_t a = G = m_s g$$

gilt. Damit folgt für a:

$$a = \frac{m_s}{m_t} g$$

Das Ergebnis Galileis lässt sich dann auch folgendermaßen ausdrücken: Für jeden in der Messreihe verwendeten Körper mit unterschiedlicher Masse und unterschiedlichem Material ergab sich die gleiche Beschleunigung a. Da auch g eine Konstante ist folgt damit, dass sich träge und schwere Masse nur durch einen universellen Faktor $\Gamma := \frac{g}{a}$ unterscheiden:

$$m_t = \Gamma m_s \tag{3.3}$$

Dabei könnte Γ noch vom Gravitationsfeld abhängen, denn aus den Fallexperimenten auf der Erde erhält man (3.3) nur für ein ganz bestimmtes $g \approx 9.81\frac{m}{s^2}$. Diese Abhängigkeit wird ausgeschlossen, da man sie durch Messung bislang nicht nachweisen konnte.[3] Durch geeignete Wahl der Einheiten (von a und g) lässt sich Γ zu eins machen. Also erhalten wir das Resultat:

$$\text{träge Masse} = \text{schwere Masse} \tag{3.4}$$

Eötvös hat diese Übereinstimmung bis auf eine Genauigkeit von 10^{-8} verifiziert.

Geht man von der exakten Gültigkeit in (3.4) aus, so bezeichnet man diese Annahme als Äquivalenzprinzip: $m_t = m_s$. Aus der Gleichheit (Äquivalenz) von träger und schwerer Masse lässt sich folgern, dass Gravitationskräfte und Beschleunigungskräfte äquivalent sind, was konkret die Eliminierung von Gravitationsfeldern durch den Übergang zu einem beschleunigten (frei fallenden) Koordinatensystem KS bedeutet (z.B. frei fallender Fahrstuhl, oder Satellitenlabor). Dabei wird sich dieses, wegen der Inhomogenität eines Gravitationsfeldes, nicht im gesamten KS eliminieren lassen, sondern exakt nur in einem Punkt, so wie in einem Satellitenlabor die Gravitation auch nur im Schwerpunkt exakt aufgehoben wird.

Wäre (3.4) nicht gültig, so ließe sich zwar für jeden einzelnen Körper ein solches KS finden in dem die Gravitationskräfte durch die entgegengesetzte Beschleunigung lokal aufgehoben werden, doch wären diese Koordinatensysteme für unterschiedliche Körper ebenfalls unterschiedlich. D.h., sie wären aus der Sicht eines Beobachters in einem Inertialsystem unterschiedlich beschleunigt und es könnte daher keine Rede mehr von der Äquivalenz zwischen Gravitationskräften und Beschleunigungskräften sein.

Das Ganze lässt sich am folgenden Beispiel noch einmal verinnerlichen: Stellen wir uns dazu ein Fahrstuhl (ohne Fenster), weit weg von irgendwelchen Gravitationsfeldern, vor. Dieser werde nun nach 'oben' relativ zum Fixsternhimmel mit $a = 10\ \frac{m}{s^2}$ beschleunigt. Befindet sich nun ein Beobachter in diesem Fahrstuhl und gilt $m_t = m_s$, so wird er, unabhängig aus welchem Material er auch besteht, mit Recht behaupten dürfen, dass der

[3] Beispielsweise ist die Himmelsmechanik (Bewegung der Planeten um den Zentralkörper Sonne) ein Indiz dafür, dass Γ nicht von g abhängt und wenn doch, dann nur sehr schwach.

Fahrstuhl sich in einem Gravitationsfeld der Stärke 10 $\frac{m}{s^2}$ befindet.[4] Er hat eben keine physikalischen Möglichkeiten zwischen Beschleunigungskräften und Gravitationskräften zu unterscheiden, sodass er sie als äquvivalent ansehen darf.
Wäre hingegen $m_t = m_s$ (grob) ungültig, so wäre es für den Beobachter im Fahrstuhl ein leichtes festzustellen, ob der Fahrstuhl beschleunigt wird, oder ob er sich nur in einem Gravitationsfeld befindet. Dazu benutzt er einfach zwei Utensilien, z. B. einen seiner Strümpfe und seine Uhr und prüft, ob sie gleich schnell zu Boden fallen. Da beide Gegenstände aus völlig unterschiedlichem Material sind, erwartet er im Falle eines Gravitationsfeldes, dass sie unterschiedlich schnell fallen. Fallen sie hingegen gleich schnell gen Fahrstuhlboden, so erlangt er die Gewissheit, dass der Fahrstuhl beschleunigt wird. In diesem Fall läge also keine Äquivalenz zwischen Beschleunigungskräften und Gravitationskräften vor.
Damit erhält man eine zweite Formulierung des Äquivalenzprinzips:

$$\text{Gravitationskräfte} \Leftrightarrow \text{Beschleunigungskräfte} \tag{3.5}$$

Dabei ist zu beachten, dass diese Äquivalenz für alle physikalischen Bereiche gelten soll, obwohl wir (3.5) nur aus rein mechanischen Überlegungen gewonnen haben. Ob diese Verallgemeinerung gerechtfertigt ist, wird die Gültigkeit der darauf aufbauenden Theorie zeigen.
Befindet sich nun ein Beobachter in dem 'kleinen' Bereich eines frei fallenden Koordinatensystems, wo sich gerade Gravitationskräfte und Beschleunigungskräfte aufheben (Satellitenlabor), so werden dort die physikalischen Gesetze so ablaufen, als ob gar kein Gravitationsfeld bzw. keine Beschleunigung vorhanden wäre. Ein blinder Beobachter könnte nicht feststellen, dass er zum Fixsternhimmel beschleunigt wird. Er wird daher die berechtigte Annahme machen dürfen, sich in einem Inertialsystem glauben zu wissen. Es gelten für ihn nämlich die Gesetze der speziellen Relativitätstheorie in vollem Umfang. Man nennt ein Satellitenlabor daher auch ein lokales Inertialsystem, das natürlich kein echtes Inertialsystem ist, da es gegenüber dem Fixsternhimmel beschleunigt ist. Damit gelangt man zu einer weiteren Formulierung des Äquivalenzprinzips:

$$\boxed{\text{In einem lokalen IS gelten die Gesetze der SRT}} \tag{3.6}$$

Auch diese Formulierung basiert auf der Unterstellung, dass der blinde Beobachter keine Möglichkeit hat festzustellen, ob er sich nicht doch in

[4] Dabei wurde angenommen, dass die Ausmaße des Fahrstuhls derart klein sind, dass in ihm das Gravitationsfeld als absolut homogen angesehen werden darf.

einem Nichtinertialsystem befindet. Ob diese Unterstellung gerechtfertigt ist, wird dann der Erfolg der darauf aufbauenden Theorie zeigen.

3.4 Warum krümmt Gravitation den Raum?

Es wurde schon im vorletzten Abschnitt erwähnt, dass die Gravitation den vierdimensionalen physikalischen Raum krümmt. Mit Hilfe des Äquivalenzprinzips (3.5) lässt sich dies wie folgt einsehen: Man stelle sich zwei kartesische Koordinatensysteme vor, weit weg von jeglicher Masse. Davon sei das eine System ein Inertialsystem IS, während sich das andere KS gegenüber diesem mit der konstanten Winkelgeschwindigkeit ω um seine x-Achse dreht. Weiterhin sollen die Ursprünge und die x-Achsen beider Systeme zusammenfallen. Betrachten wir nun zwei Beobachter B und B′. Dabei ruhrt B im räumlichen Ursprung von IS und B′ ruht seinerseits im Ursprung von KS (B und B′ teilen sich gewissermaßen den Ursprung). Aus

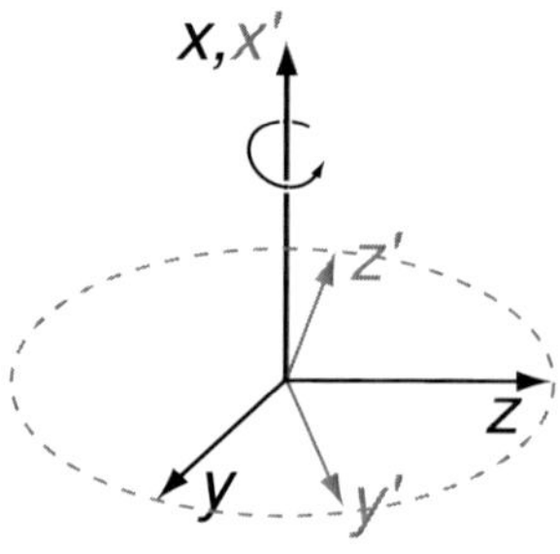

Abbildung 3.3: Rotierendes Koordinatensystem IS'.

der Sicht von B dreht sich also B′ ständig um seine Figurenachse. Nun wird in der y-z-Ebene von IS ein Kreis mit dem Radius r um den Ursprung eingezeichnet. Dieser Sachverhalt ist in der Abbildung 3.3 dargestellt. Beide Beobachter seien im Besitz von Maßstäben mit denen sie den Umfang des Kreises ausmessen können. Dabei haben die Maßstäbe allesamt die gleiche Länge l_0. Die Messung von B würde natürlich $2\pi r$ für den Umfang ergeben. Was wird aber B′ messen? Natürlich ist der in IS eingezeichnete Kreis auch in KS ein Kreis mit dem Radius r, weil es keine Lorentzkontraktion senkrecht zur Bewegungsrichtung gibt. Der Beobachter B′ reiht also ent-

lang des Kreisumfangs lauter Maßstäbe auf.[5] Angenommen er hat dazu 100 Maßstäbe benötigt. Für den Beobachter B in IS sind nun die Maßstäbe, die B′ in KS entlang des Umfanges aufgereiht hat und dort natürlich ruhen, durch die Lorentzkontaktion um den Faktor $k^{-1} = \sqrt{1 - \frac{\omega^2 r^2}{c^2}}$ verkürzt (es sei $\omega r < c$). Daher wird B i. Allg. weniger als 100 Maßstäbe brauchen, um den gesamten Kreisumfang in IS abzustecken. Wäre $k^{-1} = \frac{1}{2}$, so wären es nur 50. Damit würde in IS gelten: $50 \cdot l_0 = 2\pi \cdot r$.
Für den Beobachter B′ in KS ruhen aber die Maßstäbe, die er entlang des Kreisumfangs abgesteckt hat. Daher hat jeder die Länge $l_0 = \frac{2\pi r}{50}$.[6] Da B′ aber 100 Maßstäbe benötigt, misst er gerade den doppelten Umfang für den Kreis.
Wie lässt sich dieses seltsame Ergebnis interpretieren? Die Antwort darauf ist, dass der Raum in dem sich drehenden und damit beschleunigten KS nicht mehr die metrischen Eigenschaften des Minkowskiraumes hat. Er ist vielmehr als gekrümmt anzusehen. Dieses Resultat erhält man für alle beschleunigten Koordinatensysteme. Da wir aber von der Äquivalenz von Beschleunigung und Gravitation ausgehen, können wir den durch Gravitationsfelder durchsetzten Raum ebenfalls als gekrümmt auffassen müssen.

3.5 Der metrische Tensor

In der Definition des riemannschen Raums spielte der metrische Tensor **g** eine zentrale Rolle. In der speziellen Relativitätstheorie hatten wir es mit einem speziellen, nämlich flachen riemanschen Raum, dem sogenannten Minkowskiraum, zu tun. Er stellt den physikalischen Raum in Abwesenheit eines Gravitationsfeldes in einem Inertialsystem dar. Als metrischer Tensor des Minkowskiraums ergab sich η. Er hat die schöne Eigenschaft, in jedem IS gleich zu sein. Insbesondere ist η nicht vom 'Ort' $\mathbf{x}$ abhängig. Wie weiter oben plausibilisiert wurde, krümmt die Gravitation den Raum. Dies schlägt sich im metrischen Tensor nieder und wird sich i. Allg. in einer Ortsabhängigkeit seiner Komponenten g_{ij} widerspiegeln, also $g_{ij} = g_{ij}(\mathbf{x})$. Trotzdem kann man aus der bloßen Form des metrischen Tensors $g_{ij}(\mathbf{x})$ noch keine Entscheidung treffen, ob der Raum wirklich als krumm anzusehen ist. Dies liegt einfach daran, dass g_{ij} den Zusammenhang zwischen dem physikalischen, vierdimensionalen und invarianten Abstand ds und

[5] Er sollte ja mehrere dieser Maßstäbe besitzen.

[6] Dass B' seinen Maßstäben die gleiche Länge zuordnet wie B den seinigen, kann man auch dadurch einsehen, indem B′ seine Maßstäbe durch anlegen an die x-Achse von KS ausmisst. Das gleiche macht nun B mit seinen Maßstäben an der x-Achse von IS. Nun stimmen aber beide Achsen überein, sodass man beidesmal zum gleichen Ergebnis kommt, weil alle Maßstäbe die gleiche Länge (Eigenlänge) besitzen.

den benutzten Koordinaten (genauer: Koordinatendifferentialen) dx^i herstellt. Befindet man sich im pseudoeuklidschen Minkowskiraum und führt krumme Koordinaten wie z. B. Kugelkoordinaten ein, so wird die Messung des Abstands nicht mehr über η festgelegt, sondern über einen komplizierteren metrischen Tensor **g**. Im Falle der Kugelkoordinaten $x^i = (ct, r, \alpha, \beta)$ wird **g** wegen

$$(ds)^2 = c^2dt^2 - (d\vec{r})^2 = c^2dt^2 - (dr^2 + r^2(d\alpha^2 + \sin^2(\alpha)d\beta^2)) \tag{3.7}$$

zu

$$g_{ij}(\mathbf{x}) = \begin{pmatrix} 1 & 0 & 0 & 0 \\ 0 & 1 & 0 & 0 \\ 0 & 0 & r^2 & 0 \\ 0 & 0 & 0 & r^2\sin^2(\alpha) \end{pmatrix}$$

Hier stellt **g** den Zusammenhang zwischen dem physikalischen vierdimensionalen Abstand im Minkowskiraum und den Kugelkoordinaten her.
Daran lässt sich erkennen, dass der metrische Tensor **g** nicht nur von der Krümmung des Raumes abhängt, sondern auch von der Koordinatenwahl. Entscheidend dabei ist, dass man im Falle des ungekrümmten Minkowskiraumes immer ein (kartesisches und globales) Koordinatensystem finden kann, in dem der metrische Tensor **g** die einfache Form von η annimmt. Ist der Raum jedoch gekrümmt, so ist dies nicht mehr möglich. Man kann aber in jedem Punkt des Raumes ein sogenanntes 'lokales Inertialsystem' einführen, in dem der metrische Tensor **g** in erster Näherung identisch mit η ist. Dies liegt daran, dass der gekrümmte Raum im kleinen (infinitesimalen) als nahezu eben angesehen werden kann. Man vgl. dazu das Gesagte zum Tangentialraum.
Dennoch kann man über die Komponenten g_{ij} des metrischen Tensors ein Krümmungsmaß des Raums bestimmen. Ausgangspunkt hierfür wird der noch einzuführende Krümmungstensor sein.
Im letzten Abschnitt haben wir plausibel gemacht, dass Gravitationsfelder den physikalischen Raum krümmen. Man kann auch umgekehrt sagen, dass wir die Krümmung des Raumes in der Form von Gravitationskräften zu spüren bekommen. Da in lokalen Inertialsystemen die Gravitation in einem infinitesimalen Raumbereich verschwindet, ist der Raum dort als eben anzusehen.
Abschließend wird noch die Form des metrischen Tensors besprochen, falls die gewählten Koordinaten orthogonal bzw. zeitorthogonal sind. Werden

orthogonale Koordinaten benutzt, so hat der metrische Tensor die Form:

$$g_{ij}(\mathbf{x}) = \begin{pmatrix} g_{00}(\mathbf{x}) & 0 & 0 & 0 \\ 0 & g_{11}(\mathbf{x}) & 0 & 0 \\ 0 & 0 & g_{22}(\mathbf{x}) & 0 \\ 0 & 0 & 0 & g_{33}(\mathbf{x}) \end{pmatrix}$$

Solche Koordinaten sind i. Allg. global in gekrümmten vierdimensionalen Räumen nicht möglich. Hingegen ist die Wahl von zeitorthogonalen Koordinaten, für die der metrische Tensor die Form

$$g_{ij}(\mathbf{x}) = \begin{pmatrix} g_{00}(\mathbf{x}) & 0 & 0 & 0 \\ 0 & g_{11}(\mathbf{x}) & g_{12}(\mathbf{x}) & g_{13}(\mathbf{x}) \\ 0 & g_{21}(\mathbf{x}) & g_{22}(\mathbf{x}) & g_{23}(\mathbf{x}) \\ 0 & g_{31}(\mathbf{x}) & g_{32}(\mathbf{x}) & g_{33}(\mathbf{x}) \end{pmatrix} \tag{3.8}$$

annimmt, immer möglich. Hat man ein solches Koordinatensystem gefunden, in dem der metrische Tensor die Form (3.8) annimmt, so lassen sich rein zeitliche Abstände $d\tau$ (x^1, x^2, x^3 allesamt konstant), als auch rein räumliche Abstände dl (x_0 ist konstant) messen. Darunter ist folgendes zu verstehen: Hat man zwei Punkte P und P' des vierdimensionalen physikalischen Raums, die die Koordinaten (x^0, x^1, x^2, x^3) und $(x'^0 = x^0 + \epsilon, x^1, x^2, x^3)$ haben (ϵ klein!), so ist ihr realer zeitlicher Abstand gerade:

$$d\tau = \sqrt{g_{00}}\frac{\epsilon}{c}$$

Haben die zwei Punkte die Koordinaten (x^0, x^1, x^2, x^3) und $(x^0, x^1+\epsilon^1, x^2+\epsilon^2, x^3+\epsilon^3)$, so ist ihr räumlicher (dreidimensionaler) Abstand gerade:

$$dl = \sqrt{g_{\alpha\beta}\epsilon^\alpha\epsilon^\beta} \qquad (\alpha, \beta = 1, \ldots, 3) \tag{3.9}$$

Mit (3.9) lässt sich weiter zeigen, dass jeder Beobachter einem Lichtstrahl in seiner infinitesimalen Umgebung die Geschwindigkeit c zuordnet. Dies folgt aus $(ds)^2 = 0 = c^2 d\tau^2 - dl^2$. Damit gilt nämlich:

$$c = \frac{dl}{d\tau} = v_{Licht}$$

Allerdings lässt sich diese Aussage i. Allg. nicht auf ausgedehnte Raumbereiche übertragen. Dies liegt u.a. daran, weil $c\tau = c\tau(\mathbf{x}) = g_{00}(\mathbf{x})dx^0$ ist, also τ eine Funktion vom 'Ort' ist.

3.6 Anwendung des Äquivalenzprinzips

Betrachten wir einen Körper der sich frei im Raum ausschließlich unter der Einwirkung von Gravitationsfeldern bewegt. Der Körper bewegt sich also durch den vierdimensionalen gekrümmten Raum. Heftet man an den Körper ein Koordinatensystem, so handelt es sich offensichtlich um ein frei fallendes KS (lokales Inertialsystem), dessen Koordinaten üblicherweise mit ξ^i bezeichnet werden. In diesem System gilt dank des Äquivalenzprinzips (3.6) die Bewegungsgleichung (2.24) aus der speziellen Relativitätstheorie:

$$\frac{d^2\xi^i}{d\tau^2} = \frac{d}{d\tau}(\frac{d\xi^i}{d\tau}) = 0 \qquad (ds)^2 = c^2 d\tau^2 = \eta_{ij} d\xi^i d\xi^j \tag{3.10}$$

Gehen wir zu einem anderen Koordinatensystem x^i über, so hängen die alten Koordinatendifferentiale mit den Neuen wie folgt zusammen:

$$d\xi^i = \frac{\partial \xi^i}{\partial x^j} dx^j$$

Dies in (3.10) eingesetzt ergibt:

$$0 = \frac{d}{d\tau}(\frac{\partial \xi^i}{\partial x^j}\frac{dx^j}{d\tau}) = (\frac{d(\frac{\partial \xi^i}{\partial x^j})}{d\tau})\frac{dx^j}{d\tau} + \frac{\partial \xi^i}{\partial x^j}\frac{d^2x^j}{d\tau^2} =$$
$$= \frac{\partial^2 \xi^i}{\partial x^j \partial x^k}\frac{dx^k}{d\tau}\frac{dx^j}{d\tau} + \frac{\partial \xi^i}{\partial x^j}\frac{d^2x^j}{d\tau^2} = 0$$

Wird diese Gleichung mit $\frac{\partial x^l}{\partial \xi^i}$ durchmultipliziert, so erhält man wegen

$$\delta^l_j = \frac{\partial x^l}{\partial x^j} = \frac{\partial x^l}{\partial \xi^i}\frac{\partial \xi^i}{\partial x^j} \tag{3.11}$$

die Bewegungsgleichung bezüglich der Koordinaten x^i:

$$\frac{d^2x^l}{d\tau^2} = -\frac{\partial x^l}{\partial \xi^i}\frac{\partial^2 \xi^i}{\partial x^j \partial x^k}\frac{dx^k}{d\tau}\frac{dx^j}{d\tau} =: -\Gamma^l_{kj}\frac{dx^k}{d\tau}\frac{dx^j}{d\tau} \tag{3.12}$$

Die Größen Γ^l_{kj} werden als **Christoffelsymbole** bezeichnet. Wir werden später noch zeigen, dass Γ^l_{kj} kein Tensor darstellt.
Wegen[7]

$$(ds)^2 = c^2 d\tau^2 = \eta_{ij} d\xi^i d\xi^j = \eta_{ij}\frac{\partial \xi^i}{\partial x^k}\frac{\partial \xi^j}{\partial x^l} dx^k dx^l =: g_{kl} dx^k dx^l$$

ergibt sich für die 'Geschwindigkeiten' $\frac{dx^k}{d\tau}$ noch die Bedingung:

$$c^2 = g_{kl}\frac{dx^k}{d\tau}\frac{dx^l}{d\tau} \tag{3.13}$$

[7] g_{kl} ist i. Allg. vom Ort abhängig!

3.7 Parallelverschiebung eines Vektors

Dieser Abschnitt legt offen, was i. Allg. unter einer Parallelverschiebung eines Vektors in einem gekrümmten Raum zu verstehen ist. Er dient insbesondere als Ausgangspunkt und Grundlage für die nachfolgenden Abschnitte. Daher sollte der Leser das Folgende gut verstanden haben.
Stellen wir uns einen gekrümmten Raum R der Dimension n samt eines zugehörigen Koordinatensystems x^i vor, der in einem höherdimensionalen euklidschen Raum E der Dimension N mit zugehörigen kartesischen Koordinaten z^μ eingebettet ist. In diesem Abschnitt laufen lateinische Buchstaben wie i von 1 bis n und griechische Buchstaben wie μ von 1 bis N. Bekannt ist, dass wir in jedem Punkt dieses Raums R einen Tangentialraum anheften können. Jeder Vektor $A^i(\mathbf{x})$ (Tensor der Stufe 1) liegt dann im Tangentialraum, der am Ort $\mathbf{x}$ aufgespannt wird. Da aber im Falle eines gekrümmten Raums die einzelnen Tangentialräume i. Allg. nicht mehr parallel sind, können i. Allg. auch keine parallele Vektoren im gewöhnlichen Sinne an unterschiedlichen Orten existieren.
Man muss daher einen neuen Prozess definieren, was unter einer Parallelverschiebung eines Vektors in einem gekrümmten Raum zu verstehen st. Dieser Prozess sollte sich beim Übergang zu einem euklidschen Raum auf die gewöhnliche Parallelverschiebung reduzieren. Betrachten wir dazu einen Punkt $P \in R$. Dieser Punkt (Ort) habe in R die Koordinaten $(x_P^1, \ldots, x_P^n)$. Da R in E eingebettet ist, kann man P auch die Koordinaten des Koordinatensystems aus E zuordnen. In E habe also P die Koordinaten $(z_P^1, \ldots, z_P^N)$. Dies ist natürlich für alle Punkte aus R möglich, sodass die Koordinaten z^μ, die die Punkte aus R darstellen, als Funktionen der Koordinaten x^i aufgefasst werden können. Also

$$P \in R : z_P^\mu = z^\mu(x_P^1, \ldots, x_P^n) \qquad (\mu = 1, \ldots, N)$$

Haben wir nun einen Vektor $A^i(\mathbf{x})$ aus R an der Stelle P, so liegt dieser im Tangentialraum, der an P angeheftet ist. Da aber auch der Tangentialraum in E eingebettet ist, kann dieser Vektor auch in E dargestellt werden.[8] Seine Darstellung habe in E die Form $\tilde{A}^\mu(\mathbf{z})$. Beide Darstellungen beschreiben den selben Vektor A, nur einmal über die n Basisvektoren des Tangentialraums und ein anderes mal über die N Basisvektoren von E. Dank der Tensoreigenschaft von A^i und $\tilde{A}^\mu$ hängen diese wie folgt zusammen:

$$\tilde{A}^\mu(x_P) = \frac{\partial z_{x_P}^\mu}{\partial x^i} A^i(x_P) \tag{3.14}$$

[8] E ist Punktraum und Vektorraum in einem, wie es auch beim Anschauungsraum der Fall ist.

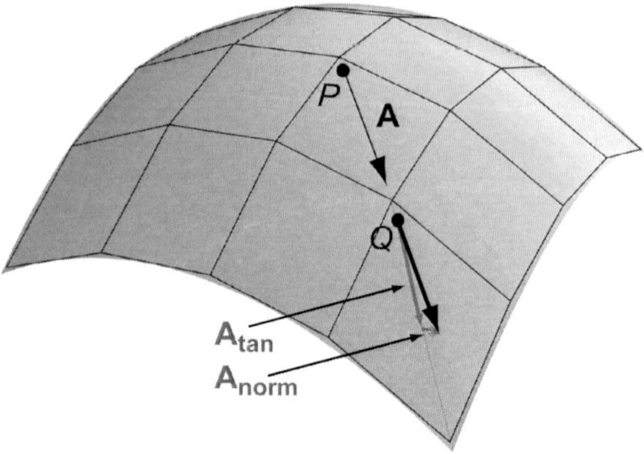

Abbildung 3.4: Parallelverschiebung: Der vom Punkt P nach Q parallelverschobene Vektor **A** teilt sich in eine zum Tangentialraum von Q tangentiale $\mathbf{A}_{\text{tan}}$ und eine senkrechte $\mathbf{A}_{\text{norm}}$ Komponente auf.

Nun verschieben wir den (eigentlichen) Vektor **A** in den Punkt $Q \in R$, der in der infinitesimalen Nachbarschaft von P liegen soll. Seine Koordinaten seien also in R: $Q : (x_Q^1, \ldots, x_Q^n) = (x_P^1 + dx^1, \ldots, x_P^n + dx^n)$. Dabei soll es sich um eine Parallelverschiebung im gewöhnlichen Sinne handeln, was bedeutet, dass die Komponenten von $\tilde{A}^\mu$ unverändert bleiben. Im Allg. liegt der an die Stelle Q verschobene Vektor dann aber nicht mehr in dem an Q angehefteten Tangentialraum.[9] Man kann aber den in den Punkt Q verschobenen Vektor **A** in zwei Vektoren aufteilen

$$\tilde{A}^\mu = \tilde{A}^\mu_{\text{tan}} + \tilde{A}^\mu_{\text{norm}}, \tag{3.15}$$

nämlich in eine Tangentialkomponente $\mathbf{A}_{\text{tan}}$ und eine Normalkomponente $\mathbf{A}_{\text{norm}}$, bezogen auf den Tangentialraum des Punktes Q. Dieser Sachverhalt ist in der Abbildung 3.4 dargestellt. Hier hängen die Darstellungen der Tangentialkomponente von **A** wieder wie folgt zusammen:

$$\tilde{A}^\mu_{\text{tan}} = \frac{\partial z^\mu(x_Q)}{\partial x^i} B^i \tag{3.16}$$

Dabei ist B^i die Darstellung des Vektors A_{tan} im zu Q gehörenden Tangentialraum. Diesen Vektor werden wir als die Parallelverschiebung von P

[9] Für Lebewesen, die in R leben, wäre dieser Vektor nicht real, da er nicht mehr in ihrem Raum liegt.

nach Q des in P definierten Vektors $A^i(x_P)$ ansehen. Man nennt diesen Prozess der Verschiebung auch Parallelverschiebung nach Levi-Civita.
Die folgende Rechnung wird uns noch den Unterschied zwischen dem im Tangentialraum von P liegenden Vektor A^i und seiner Parallelverschiebung nach Q, B^i, aufzeigen. Weil der Vektor A_{norm} senkrecht zu $A_{\tan}$ ist, gilt:

$$0 = \tilde{A}^{\mu}_{\text{norm}} \tilde{A}^{\tan}_{\mu} = \tilde{A}^{\mu}_{\text{norm}} \frac{\partial z_\mu(x_Q)}{\partial x^i} B^i \tag{3.17}$$

Dabei ist (3.17) unabhängig von den Werten von B^i gültig, weil (3.16) immer die Darstellung eines Vektors aus dem Tangentialraum des Punktes Q ist, egal welche Werte B^i konkret hat.
Daher gilt:

$$\tilde{A}^{\mu}_{\text{norm}} \frac{\partial z_\mu(x_Q)}{\partial x^i} = 0$$

Wegen (3.15) und (3.16) erhält man damit:

$$\tilde{A}^{\mu} \frac{\partial z_\mu(x_Q)}{\partial x^j} = B^i \frac{\partial z^\mu(x_Q)}{\partial x^i} \frac{\partial z_\mu(x_Q)}{\partial x^j} = B^i g_{ij}(x_Q) = B_j(x_Q) \tag{3.18}$$

In (3.18) wurde

$$g_{ij} = \frac{\partial z_\nu}{\partial x^i} \frac{\partial z^\nu}{\partial x^j} \tag{3.19}$$

benutzt. Dies erhält man aus[10]

$$(ds)^2 = n_{\mu\nu} dz^\mu dz^\nu = n_{\mu\nu} \frac{\partial z^\mu}{\partial x^i} \frac{\partial z^\nu}{\partial x^j} dx^i dx^j \overset{(n_{\mu\nu}=const.)}{=} \frac{\partial n_{\mu\nu} z^\nu}{\partial x^i} \frac{\partial z^\nu}{\partial x^j} dx^i dx^j =$$

$$= \frac{\partial z_\nu}{\partial x^i} \frac{\partial z^\nu}{\partial x^j} dx^i dx^j = g_{ij} dx^i dx^j .$$

Wegen

$$\frac{\partial z_\mu(x_Q)}{\partial x^j} \approx \frac{\partial z_\mu(x_P)}{\partial x^j} + \frac{\partial^2 z_\mu(x_P)}{\partial x^j \partial x^k} dx^k$$

ergibt sich aus (3.18)

$$B_j(x_Q) = B_j(x_P + dx) \approx \tilde{A}^\mu \left(\frac{\partial z_\mu(x_P)}{\partial x^j} + \frac{\partial^2 z_\mu(x_P)}{\partial x^j \partial x^k} dx^k\right) \overset{(3.14)}{=}$$

$$= A^i \frac{\partial z^\mu(x_P)}{\partial x^i} \left(\frac{\partial z_\mu(x_P)}{\partial x^j} + \frac{\partial^2 z_\mu(x_P)}{\partial x^j \partial x^k} dx^k\right) = A_j(x_P) + A^i \frac{\partial z^\mu(x_P)}{\partial x^i} \frac{\partial^2 z_\mu(x_P)}{\partial x^j \partial x^k} dx^k$$

Daher gilt unter der Beachtung von $\tilde{A}^\mu(x_Q) = \tilde{A}^\mu(x_P)$:

$$B_j - A_j = A^i \frac{\partial z^\mu(x_P)}{\partial x^i} \frac{\partial^2 z_\mu(x_P)}{\partial x^j \partial x^k} dx^k =: dA_j \tag{3.20}$$

[10] $n_{\mu\nu}$ ist der metrische Tensor in E. Bei geeigneter Wahl der Koordinaten ist er gerade gleich der N-dimensionalen Einheitsmatrix.

Hat man also einen Punkt $P \in R$ und will von dort einen Vektor parallel nach $P' \in R$ verschieben (P' muss hierbei nicht in der infinitesimalen Nachbarschaft von P liegen), so hat man das obige Verfahren sukzessive durchzuführen. Dabei wird i. Allg. der Vektor, den man in P' als Parallelverschiebung erhält, vom Weg abhängen, den man von P nach P' wählt. Zur Veranschaulichung dient die nachfolgende Abbildung, in der der Vektor $\vec{O}$ auf zwei Wegen zum Nordpol verschoben wird.

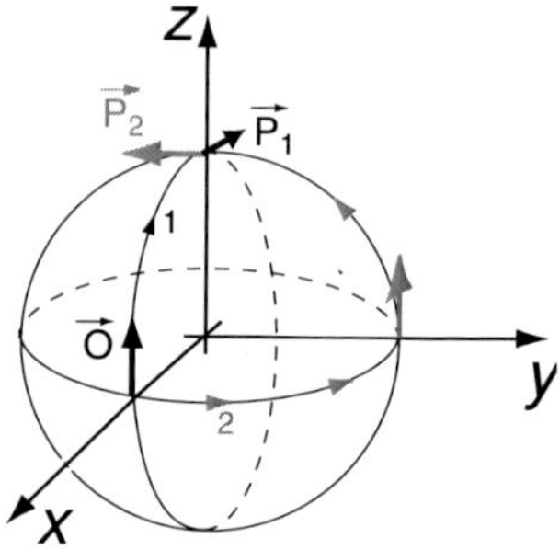

Abbildung 3.5: Parallelverschiebung: Je nachdem, auf welchem Weg (1 oder 2) der Vektor $\vec{O}$ verschoben wird, ergeben sich unterschiedliche Parallelverschiebungen $\vec{P}_1$ bzw. $\vec{P}_2$.

3.8 Eine neue Notation

Um in Zukunft Gleichungen mit mehrfachen Ableitungen kompakt darstellen zu können, benötigt man eine neue Schreibweise. Wir definieren für eine beliebige indizierte Größe:

$$\frac{\partial T^{ik\ldots}_{jl\ldots}}{\partial x^h} =: T^{ik\ldots}_{jl\ldots,h} \qquad \frac{\partial T^{ik\ldots}_{jl\ldots}}{\partial x_h} =: T^{ik\ldots,h}_{jl\ldots}$$

Wird nach den Koordinaten eines lokalen Inertialsystems ξ partiell differenziert, so wird dies im Folgenden durch griechische Indizes angezeigt. Zum Besipiel nimmt die Gleichung (3.20) die Form

$$dA_j = A^i z^{\mu}_{,i} z_{\mu,j,k} dx^k$$

an. Das Kroneckersymbol in (3.11) lässt sich mit der neuen Notation folgendermaßen schreiben: $\delta^l_j = x^l_{,\mu}\xi^{\mu}_{,j}$.

In diesem Zusammenhang heben wir die Notation aus Kapitel 2 auf, dass die Summenkonvention bezüglich griechischer Indizes nur von 1 bis 3 zu erstrecken ist.

3.9 Eigenschaften der Christoffelsymbole

In (3.12) wurden die Christoffelsymbole eingeführt. Nachfolgend wird gezeigt, wie diese durch den metrischen Tensor **g** ausgedrückt werden können. Schreiben wir zur Erinnerung die Christoffelsymbole noch einmal an (ξ_μ: lokales IS):

$$\Gamma^l_{kj} = \frac{\partial x^l}{\partial \xi^\mu} \frac{\partial^2 \xi^\mu}{\partial x^j \partial x^k} \tag{3.21}$$

Mit der neuen Notation lässt sich (3.21) auch wie folgt schreiben:

$$\Gamma^l_{kj} = x^l_{,\mu} \xi^\mu_{,j,k}. \tag{3.22}$$

Wegen $g_{ij} = \xi^\mu_{,i} \xi^\nu_{,j} \eta_{\mu\nu}$ ergibt sich:

$$g_{ij,m} = \xi^\mu_{,i,m} \cdot \xi^\nu_{,j} \eta_{\mu\nu} + \xi^\mu_{,i} \cdot \xi^\nu_{,j,m} \eta_{\mu\nu}$$

Andererseits ist:

$$\xi^\mu_{,n} \Gamma^n_{im} = \xi^\mu_{,n} x^n_{,\nu} \xi^\nu_{,i,m} = \delta^\mu_\nu \xi^\nu_{,i,m} = \xi^\mu_{,i,m}$$

Dies in (3.22) eingesetzt ergibt:

$$g_{ij,m} = \Gamma^n_{im} \xi^\mu_{,n} \xi^\nu_{,j} \eta_{\mu\nu} + \Gamma^n_{jm} \xi^\nu_{,n} \xi^\mu_{,i} \eta_{\mu\nu} = \Gamma^n_{im} g_{nj} + \Gamma^n_{jm} g_{ni}$$

Analog erhält man:

$$\begin{aligned} g_{mj,i} &= \Gamma^n_{im} g_{nj} + \Gamma^n_{ij} g_{nm}, \\ g_{im,j} &= \Gamma^n_{ji} g_{nm} + \Gamma^n_{jm} g_{ni} \end{aligned} \tag{3.23}$$

Zusammen liefert dies:

$$g_{ij,m} + g_{mj,i} - g_{im,j} = 2\Gamma^n_{mi} g_{nj}$$

Werden beide Seiten mit g^{jr} durchmultipliziert, so ergibt sich wegen $g_{nj} g^{jr} = \delta^r_n$:

$$\boxed{\Gamma^r_{mi} = \frac{1}{2} g^{jr} (g_{ij,m} + g_{mj,i} - g_{im,j})} \tag{3.24}$$

Dies ist der gesuchte Zusammenhang zwischen den Christoffelsymbolen und dem metrischen Tensor **g**. Insbesondere erhält man für $\Gamma_{nmi} = g_{nr} \Gamma^r_{mi}$:

$$\Gamma_{nmi} = \frac{1}{2} (g_{in,m} + g_{mn,i} - g_{im,n})$$

Kommen wir nun wieder zu der Parallelverschiebung (nach Levi-Civita) eines Vektors zurück. Wir hatten (jetzt aber in der neuen Notation):

$$dA^j = A^i z^\mu_{,i}(x_P) z_{\mu,j,k}(x_P) dx^k$$

gefunden. Aus (3.19) ist weiterhin bekannt, wie sich der metrische Tensor **g** in R bestimmt. Leiten wir diesen nun nach x^k ab, so erhalten wir:

$$g_{ij,k} = z^\mu_{,i,k} z_{\mu,j} + z^\mu_{,i} z_{\mu,j,k} = (n^{\mu\nu} z_\nu)_{,i,k} (n_{\mu\lambda} z^\lambda)^{,j} + z^\mu_{,i} z_{\mu,j,k} =$$

$$= n^{\mu\nu} n_{\mu\lambda} z_{\nu,i,k} z^{\lambda,j} + z^\mu_{,i} z_{\mu,j,k} = \delta^\nu_\lambda z_{\nu,i,k} z^{\lambda,j} + z^\mu_{,i} z_{\mu,j,k} =$$

$$= z_{\nu,i,k} z^{\nu,j} + z^\mu_{,i} z_{\mu,j,k} = z_{\mu,i,k} z^{\mu,j} + z^\mu_{,i} z_{\mu,j,k}$$

Wie oben bilden wir noch:

$$g_{kj,i} = z_{\mu,k,i} z^\mu_{,j} + z_{\mu,j,i} z^\mu_{,k} \qquad \text{und} \qquad g_{ik,j} = z_{\mu,i,j} z^\mu_{,k} + z_{\mu,k,j} z^\mu_{,i}$$

Dies ergibt analog zu (3.24):

$$\frac{1}{2}(g_{ij,k} + g_{ik,j} - g_{jk,i}) = z_{\mu,i,k} z^\mu_{,i}$$

Also lässt sich die bei Parallelverschiebung entstehende Differenz dA_j auch wie folgt schreiben:

$$\boxed{dA_j = A^i \Gamma_{ijk} dx^k} \tag{3.25}$$

Hierin taucht der einbettende Raum E nicht mehr auf. Weiterhin erkennt man, dass die Christoffelsymbole die infinitesimal benachbarten Tangentialräume gewissermaßen verbinden, indem sie festlegen, wie sich ein Vektor bei Verschiebung aus einem Tangentialraum in den benachbarten Tangentialraum verändern muss. Daher bezeichnet man die Christoffelsymbole auch als Elemente des affinen Zusammenhangs. Die Beziehung (3.25) lässt sich noch wie folgt umschreiben:

$$dA_j = g^{ir} A_r \Gamma_{ijk} dx^k = A_r \Gamma^r_{jk} dx^k \tag{3.26}$$

Man bezeichnet die nur unten indizierten Christoffelsymbole als Christoffelsymbole 1. Art, die oben einfach indizierten als Christoffelsymbole 2. Art.

Um zu zeigen, wie (3.26) für kontravariante Vektoren aussieht, benutzt man folgenden Trick:

$$d(A_j B^j) = 0 \Leftrightarrow A_j dB^j = -B^j dA_j = -B^j A_i \Gamma^i_{jk} d^k = -A_j B^i \Gamma^j_{ik} dx^k$$

Da dies für beliebige A_i gilt, erhält man:

$$dB^j = -B^i \Gamma^j_{ik} dx^k \tag{3.27}$$

Abschließend wird unter Verwendung von (3.22) gezeigt, dass die Christoffelsymbole keine Tensoren darstellen. Als Riemannscher Raum benutzen wir konkret den vierdimensionalen physikalischen Raum. Haben wir also zwei (globale) Koordinatensysteme KS: x^i und KS': x'^i, die über $x^i = x^i(x'^0, \ldots, x'^3)$ und $x'^i = x'^i(x^0, \ldots, x^3)$ zusammenhängen. Nach (3.22) nehmen nun die Christoffelsysmbole in den beiden Koordinatensystemen die folgende Form an:

$$\mathrm{KS}: \Gamma^i_{jk} = x^i_{,\mu} \xi^\mu_{,j,k} \qquad \mathrm{KS}': \Gamma'^i_{jk} = x'^i_{,\mu} \xi^\mu_{,j',k'}$$

Die Striche an den Indizes j und k deuten an, dass nach x' (genauer: nach x'^j bzw. x'^k) und nicht nach x partiell abgeleitet wird. Grundsätzlich legen wir fest, dass Indizes niemals durch Striche unterschieden werden. Insofern wird diese Interpretation für gestrichene Indizes auch weiterhin gelten.
Untersuchen wir jetzt, wie Γ' und Γ zusammenhängen. Wegen

$$x'^i_{,\mu} = x'^i_{,l} x^l_{,\mu}$$

und

$$\xi^\mu_{,j',k'} = (\xi^\mu_{,j'})_{,k'} = (\xi^\mu_{,l} x^l_{,j'})_{,k'} = \xi^\mu_{,l,m} x^m_{,k'} x^l_{,j'} + \xi^\mu_{,l} x^l_{,k',j'}$$

gilt:

$$\Gamma'^i_{jk} = x'^i_{,l} x^n_{,k'} x^m_{,j'} \Gamma^l_{mn} + x^i_{,\mu} \xi^\mu_{,l} x^l_{,k',j'} \tag{3.28}$$

Da der letzte Term in der Summe i. Allg. ungleich null ist, stellen die Christoffelsymbole keinen Tensor dar.
Man kann zu diesem Resultat auch auf einem anderen Weg gelangen. Dazu erinnern wir uns an die Bewegungsgleichung (3.12), in der die Christoffelsymbole zum ersten mal aufgetaucht sind. Wir wissen, dass an jedem Ort des Raumes ein lokales Inertialsystem ξ^i eingeführt werden kann, sodass sich (3.12) auf (3.10) reduziert und die Christoffelsymbole damit verschwinden. Fassen wir also einen bestimmten Punkt P des Raumes ins Auge. Dort führen wir ein lokales Inertialsystem ein, sodass die Christoffelsymbole in diesem Punkt verschwinden. Hätten diese nun Tensorcharakter, so würden sie auch in allen anderen Koordinatensystemen an diesem Ort P verschwinden. Da dieser Gedankengang aber für jeden Punkt des Raumes möglich ist, müssten die Christoffelsymbole im ganzen Raum unabhängig vom zugrundeliegenden Koordinatensystem verschwinden, was aber i. Allg. nicht der Fall ist. Daher können die Christoffelsymbole keine Tensoren sein.

3.10 Lokale Inertialsysteme und Christoffelsymbole

Als ein lokales Inertialsystem haben wir gerade solch ein System bezeichnet, in dem lokal (exakt nur in einem Raumzeitpunkt) die Gesetze der Physik gerade so ablaufen, als befände man sich in einem echten Inertialsystem.[11] Insbesondere ist dies damit gleichbedeutend, dass die Christoffelsymbole verschwinden und der metrische Tensor die bekannte Form von η annimmt. Die alleinige Tatsache, dass der metrische Tensor in einem Punkt P die Form von η annimmt bedingt aber noch nicht zwingend das Verschwinden der Christoffelsymbole, da diese nach (3.24) von der Ableitung des metrischen Tensors $\mathbf{g}$ abhängen. Es muss vielmehr, wenn Q ein infinitesimal benachbarter Punkt zu P ist, die Abweichung $|g_{ij}(Q) - \eta_{ij}|$ von der Größenordnung $\overline{PQ}^2$ sein. Dabei steht $\overline{PQ}$ für den Abstand zwischen P und Q.
Umgekehrt kann man jedoch aus dem Verschwinden der Christoffelsymbole in einem Punkt schließen, dass der metrische Tensor bis zur ersten Ordnung als konstant anzusehen ist. Man wird dann i. Allg. noch eine Drehstreckung der Koordinaten vornehmen müssen, um für den metrischen Tensor die Form η zu erhalten.
Fragen wir uns jetzt, ob es grundsätzlich möglich ist, in jedem Punkt des Raumes ein lokales IS einzuführen – dies haben wir bislang immer stillschweigend angenommen. Nach dem obigen wird man dann die Frage bejahen können, wenn man gezeigt hat, dass es in jedem Punkt des Raumes grundsätzlich möglich ist, die Christoffelsymbole zum verschwinden zu bringen.
Betrachten wir nun einen beliebigen Punkt P des Raumes und führen ein beliebiges Koordinatensystem x^i so ein, dass P im Ursprung dieses Systems liegt. Führt man dann eine Koordinatentransformation zu einem neuen Koordinatensystem x'^i durch, so hängen die alten Christoffelsymbole von den Neuen nach (3.28) wie folgt ab:

$$\Gamma^i_{jk} = \Gamma'^l_{mn} x^i_{,l'} x'^m_{,j} x'^n_{,k} + x'^l_{,j,k} x^i_{,l'} \tag{3.29}$$

Die Christoffelsymbole im Punkt P werden im Folgenden mit $(\Gamma^i_{jk})_P$ bezeichnet. Man legt nun die Koordinatentransformation wie folgt fest:

$$x'^i = x^i + \frac{1}{2}(\Gamma^i_{jk})_P x^j x^k \tag{3.30}$$

[11]Dabei kann der Begriff 'lokal' sich in Spezialfällen auch nur auf die räumlichen Koordinaten beschränken, wie z. B. bei einem die Erde umkreisenden Satellitenlabor. Sind die Felder aber zeitabhängig, so bezieht sich das lokal auf die Raum und Zeitkoordinaten.

Da P im Ursprung von x^i liegt, gilt unter Verwendung von (3.30): $(x'^i_{,k})_P = \delta^i_k$ und somit auch (nochmal (3.30)): $x^i_{,k'} = \delta^i_k$ Damit wird aber:

$$(x'^l_{,j,k} x^i_{,l'})_P = (\Gamma^l_{jk})_P \delta^i_l = (\Gamma^i_{jk})_P$$

Setzt man dies in (3.29) ein, so ergibt sich im Punkt P:

$$\underbrace{(\Gamma'^l_{mn} x^i_{,l'} x'^m_{,j} x'^n_{,k})_P}_{=(\Gamma'^i_{jk})_P} = 0.$$

Damit haben wir gezeigt, dass die Christoffelsymbole in x'^i im Punkt P verschwinden. Ein solches Vorgehen wird aber für jeden Punkt des Raumes möglich sein, da P beliebig war. Daher können wir die obige Fragestellung mit ja beantworten, weil eine i. Allg. noch notwendige Drehstreckung die Christoffelsymbole im Punkt P bei null belässt. Im übrigen kann man sich diese Drehstreckung schon im alten Koordinatensystem x^i als vollzogen denken, sodass der metrische Tensor $\mathbf{g}$ direkt durch die Transformation (3.30) im Punkt P die Form von η annimmt.
Man sollte sich allerdings vor Augen halten, dass dieses formale Vorgehen zur praktischen Bestimmung eines lokalen IS aus einem vorhandenen Koordinatensystem meist nicht geeignet ist. Dies liegt daran, dass man zwar in jedem Raumzeitpunkt des vierdimensionalen Raumes ein Koordinatensystem errichten kann, dann aber i. Allg. nicht den metrischen Tensor kennt, sodass auch die Christoffelsymbole unbekannt bleiben und somit die zu einem lokalen IS führende Koordinatentransformation sich ebenfalls unserer Kenntnis entzieht.

3.11 Geodäten

Man stelle sich einen punktförmigen Körper der Masse m_0 vor, der durch den vierdimensionalen physikalischen Raum fliegt.[12] Wirken ausschließlich Gravitationskräfte, so kennen wir schon aus (3.12) die Bewegungsgleichung dieses Körpers. Sie lautete:

$$\frac{d^2x^l}{d\tau^2} = -\Gamma^l_{kj}\frac{dx^k}{d\tau}\frac{dx^j}{d\tau} \tag{3.31}$$

Man kann $v^i := \frac{dx^i}{d\tau}$ als Geschwindigkeit des Körpes auffassen. Damit wird (3.31) zu:

$$\frac{dv^l}{d\tau} = -\Gamma^l_{kj} v^k \frac{dx^j}{d\tau} \tag{3.32}$$

[12] Der Körper selbst solle dabei keine Änderung der Raumkrümmung hervorrufen.

Wird die letzte Beziehung mit $d\tau$ multipliziert, so ergibt sich:

$$dv^l = -\Gamma^l_{kj} v^k dx^j \tag{3.33}$$

Die Gleichung (3.33) ist damit identisch mit (3.27), wenn B durch v ersetzt wird. Demnach bewegt sich der Körper gerade so durch den Raum, dass sein Geschwindigkeitsvektor einer Parallelverschiebung unterliegt. Kennt man insbesondere in einem Punkt P im Raum den Geschwindigkeitsvektor v^i_P des Körpers, so ist damit die gesamte weitere Bewegung festgelegt.[13] Denn der infinitesimal benachbarte Punkt Q, in dem sich der Körper nach der Eigenzeit $d\tau$ befindet ergibt sich wie folgt:

$$Q : x^i_Q = x^i_P + v^i_P d\tau \qquad (i = 0, \ldots, 3)$$

Dabei hat der Körper in Q die Geschwindigkeit:

$$v^i_Q = v^i_P - \Gamma^l_{kj} v^k_P dx^j \qquad \text{mit} \qquad dx^j = v^j_P d\tau$$

Führt man dieses Verfahren fort, so erhält man sukzessive die gesamte Bahnkurve des Körpers ab dem Punkt P. Derart konstruierte Bahnen nennt man auch **Geodäten**. Also bewegt sich ein Körper im gekrümmten Raum auf einer Geodäten. Wir werden im nächsten Abschnitt zeigen, dass zwei beliebige Punkte P und Q durch eine Geodäte derart verbunden werden, dass die Verbindungsstrecke extremal wird.[14]

3.12 Kürzeste Verbindung zwischen zwei Punkten

Ausgangspunkt sei ein durch den Parameter t parametrisierter Weg $x^i(t)$ der zwei beliebige Punkte P und Q auf die kürzeste Weise verbindet. Also:

$$\int_P^Q ds = \text{extremal} \Leftrightarrow \delta \int_P^Q ds = 0 \quad \text{mit} \quad ds = \sqrt{g_{ij}(\mathbf{x}) dx^i dx^j} \tag{3.34}$$

Dabei wird angenommen, dass $g_{ij}(\mathbf{x}) dx^i dx^j > 0$ ist. (3.34) lässt sich nun auch wie folgt schreiben:

$$\int_P^Q \sqrt{g_{ij}(\mathbf{x}) \frac{dx^i}{dt} \frac{dx^j}{dt}} dt =: \int_P^Q \sqrt{g_{ij}(\mathbf{x}) \dot{x}^i \dot{x}^j} dt = \text{extremal} \tag{3.35}$$

Definiert man:

$$L = L(\mathbf{x}, \dot{x}) := \sqrt{g_{ij}(\mathbf{x}) \frac{dx^i}{dt} \frac{dx^j}{dt}}$$

[13] Selbst wenn der Körper räumlich ruht, so hat er eine Geschwindigkeit, da er sich zeitlich fortbewegt.

[14] Klassisch ist die Geodäte die Kurve, die die kürzeste Verbindung zwischen den Punkten P und Q herstellt.

so ist (3.35) äquivalent zu den Euler-Lagrange Gleichungen

$$\frac{d}{dt}(\frac{\partial L}{\partial \dot{x}^k}) - \frac{\partial L}{\partial x^k} = 0.$$

Diese werden konkret zu:[15]

$$\frac{d}{dt}(\frac{2g_{ik}\dot{x}^i}{2L}) - \frac{1}{2L}\frac{\partial g_{ij}}{\partial x^k}\dot{x}^i\dot{x}^j = 0$$

Weiteres Ausrechnen liefert:

$$\dot{x}^j(\frac{1}{L}g_{ik}\dot{x}^i)_{,j} + \ddot{x}^j\frac{\partial}{\partial \dot{x}^j}(\frac{1}{L}g_{ik}\dot{x}^i) - \frac{1}{2L}(g_{ij,k}\dot{x}^i\dot{x}^j) = 0 \qquad (3.36)$$

Wählen wir nun für den Parameter t gerade die Eigenzeit τ, so ergibt sich mit (3.13) $L = c$. Damit wird (3.36) zu:

$$g_{ik,j}\dot{x}^i\dot{x}^j + g_{jk}\ddot{x}^j - \frac{1}{2}g_{ij,k}\dot{x}^i\dot{x}^j = \frac{1}{2}(g_{ik,j} + g_{ki,j} - g_{ij,k})\dot{x}^i\dot{x}^j + g_{jk}\ddot{x}^j = 0$$

Durchmultiplikation mit g^{lk} liefert schließlich:

$$\ddot{x}^l + \Gamma^l_{ij}\dot{x}^i\dot{x}^j = 0$$

Dies ist gerade die bekannte Bewegungsgleichung (3.12), die nach dem letzten Kapitel (infolge Definition) gerade eine Geodäte darstellt. Damit gilt: Geodäten stellen die extremale, üblicherweise kürzeste Verbindung zwischen zwei Punkten dar.

Untersuchen wir abschließend noch einen Zusammenhang, der zwischen einem Gravitationsfeld und der g_{00}-Komponente des metrischen Tensors besteht. Betrachten wir dazu ein schwaches Gravitationsfeld, sodass die Geschwindigkeit v eines Körpers, der sich in diesem bewegt, als klein angesehen werden kann (wegen $\Delta E_{kin} = \Delta E_{pot}$). Daher lässt sich die Bahn des Körpers in guter Näherung auch mit der klassischen Mechanik berechnen. Benutzen wir hierzu speziell das Prinzip der kleinsten Wirkung:

$$S = \int L dt = \text{extremal} \qquad \text{mit } L = -m_0c^2 + \frac{m_0v^2}{2} + m_0G$$

G stellt darin das Gravitationpotential ($\frac{\gamma M}{r}$) dar. Dies liefert:

$$S = -m_0c\int(c - \frac{v^2}{2c} - \frac{G}{c})dt = \text{extremal} \qquad (3.37)$$

[15] $\mathbf{x}$ und $\dot{x}$ werden als unabhängige Variablen angesehen.

Falls keine Gravitation herrscht, also $G = 0$ gilt, wird $g_{ij} = \eta_{ij}$. Damit wird ds zu:

$$ds = \sqrt{c^2dt^2 - dr^2} = c\sqrt{1 - \frac{v^2}{c^2}}dt \approx c(1 - \frac{v^2}{2c^2})dt = (c - \frac{v^2}{2c})dt$$

Dies stimmt offenbar mit dem Integranden in (3.37) für $G = 0$ überein. Es ist damit auch für den Fall $G \neq 0$ vernünftig, für $S = -m_0c\int ds$ anzunehmen. Zur Erinnerung: Wir haben dies schon im Abschnitt 2.19 getan. Entsprechend lässt sich S auch als

$$S = -m_0c\int ds = \text{extremal}$$

schreiben, woraus mit (3.37) die folgende Identität entspringt:

$$ds = (c - \frac{v^2}{2c} - \frac{G}{c})dt$$

Quadrieren wir dies und vernachlässigen Terme der Ordnung $\frac{v}{c}$, so ergibt sich:

$$(ds)^2 = (1 - \frac{2G}{c^2})c^2dt^2 - (vdt)^2 = (1 - \frac{2G}{c^2})c^2dt^2 - (dr)^2$$

Somit erhält man den Zusammenhang:

$$\boxed{\text{klassischer Grenzfall:} \quad g_{00} = 1 - \frac{2G}{c^2}}$$

Damit haben wir für schwache Gravitationsfelder den Zusammenhang zwischen g_{00} und dem Gravitationspotential $G = \gamma M/r$ aufgedeckt.

3.13 Kovariante Ableitung

Hat man ein skalares Feld $\Psi = \Psi(\mathbf{x})$, so stellt $\Psi_{,i}$ einen Vektor (Vektorfeld) dar, denn wegen $\Psi'(\mathbf{x}') = \Psi(\mathbf{x})$ gilt:

$$(\Psi'(\mathbf{x}'))_{,i'} = (\Psi(\mathbf{x}))_{,j}x^j_{,i'}$$

Daher transformiert sich $\Psi_{,i}$ wie ein Tensor der Stufe 1 und ist somit ein Vektor.

Hat man nun einen Vektorfeld $A_i(\mathbf{x})$, so transformiert sich $A_{i,j}(\mathbf{x})$ wie folgt:[16]

$$A'_{i,j'}(\mathbf{x}') = (x^k_{,i'}A(\mathbf{x})_k)_{j'} = x^k_{,i',j'}A_k(\mathbf{x}) + x^k_{,i'}A_{k,l}(\mathbf{x})x^l_{,j'}$$

[16] $\frac{\partial}{\partial x'^j} = \frac{\partial}{\partial x^l}\frac{\partial x^l}{\partial x'^j}$

Da der erste Summand der linken Seite i. Allg. nicht verschwindet, ist $A^i_{,j}$ kein Tensor.[17] Dies hat seine Ursache darin, dass sich in

$$A_{i,j}(\mathbf{x}) = \frac{\partial A_i(\mathbf{x})}{\partial x^j} = \frac{A_i(x^1,\ldots,x^j+dx^j,\ldots,x^n) - A_i(x^1,\ldots,x^j,\ldots,x^n)}{dx^i}$$

die $A_i(x^1,\ldots,x^j,\ldots,x^n)$ und $A_i(x^1,\ldots,x^j+dx^j,\ldots,x^n)$ unter Koordinatentransformation i. Allg. unterschiedlich transformieren. Anschaulich kann man dieses Ergebnis auch so einsehen: $A_i(x^1,\ldots,x^j,\ldots,x^n)$ stellt einen (realen) Vektor im Tangentialraum des Punktes $P_1(x^1,\ldots,x^j,\ldots,x^n)$ dar, während $A_i(x^1,\ldots,x^j+dx^j,\ldots,x^n)$ einen Vektor im Tangentialraum des Punktes $P_2(x^1,\ldots,x^j+dx^j,\ldots,x^n)$ darstellt. In welchem der beiden Tangentialraum würde dann aber die Differenz

$$A_i(x^1,\ldots,x^j+dx^j,\ldots,x^n) - A_i(x^1,\ldots,x^j,\ldots,x^n)$$

einen (realen) Vektor darstellen? Offenbar ist keiner der beiden i.Allg. unterschiedlichen Tangentialräume zu bevorzugen, sodass es auf die Frage keine Antwort geben kann, was sich damit deckt, dass diese Differenz eben kein Tensor der Stufe 1 ist.

Führen wir jetzt einen neuen Prozess der Differenzenbildung ein, der einen Tensor liefert und uns zur sogenannten **kovarianten Ableitung** führt. Wir werden das zugehörige kovariante Differential mit D bezeichnen. Da in erster Ordnung

$$A_i(\mathbf{x}+d\mathbf{x}) - \underbrace{(A_i(\mathbf{x}) + \Gamma^k_{ij}A_k dx^j)}_{\text{von } \mathbf{x} \text{ nach } \mathbf{x}+d\mathbf{x} \text{ parallelversch. Vektor } A_i} = (A_{i,j} - \Gamma^k_{ij}A_k)dx^j$$

gilt und die linke Seite aus der Differenz zweier Vektoren am gleichen Ort besteht und somit die linke Seite einen Tensor darstellt, gilt dies auch für die rechte Seite. Wir definieren daher das (forminvariante) Vektordifferential DA_i wie folgt:

$$DA_i := (A_{i,j} - \Gamma^k_{ij}A_k)dx^j$$

Die kovariante Ableitung $A_{i:j}$ definieren wir dann durch

$$DA_i =: A_{i:j}dx^j \qquad \text{mit} \qquad A_{i:j} = A_{i,j} - \Gamma^k_{ij}A_k$$

Wegen des Quotiententheorems ist dann auch $A_{i:j}$ ein Tensor im Gegensatz zu $A_{i,j}$. Der Operator D ist ein Tensoroperator bezüglich allgemeinen Koordinatentransformationen. Leitet man A^i kovariant ab, so erhält man wegen (3.27):

$$A^i_{:j} = A^i_{,j} + \Gamma^i_{kj}A^k$$

[17] Handelt es sich um lineare Transformationen (wie z. B. die Lorentztransformationen), so verschwindet offenbar der störende Summand. $A^i_{,j}$ ist somit ein Lorentztensor.

Man legt noch fest:

$$(A_i B_j)_{:k} := A_{i:k} B_j + A_i B_{j:k}. \tag{3.38}$$

Ausgeschrieben wird dies zu:

$$(A_i B_j)_{:k} = (A_i B_j)_{,k} - \Gamma^l_{ik} A_l B_j - \Gamma^l_{jk} A_i B_l$$

Nun lässt sich jeder Tensor beliebiger Stufe aus dem äußeren (direkten) Produkt einzelner Vektoren aufbauen (vgl. (1.4)). Daher ergibt sich allgemein für einen Tensor in Kurznotation:

$$T^{ik...}_{\ \ \ jl...:d} = T^{ik...}_{\ \ \ jl...,d} - \mathbf{\Gamma}\text{-Terme für jeden unteren Index} + \mathbf{\Gamma}\text{-Terme für jeden oberen Index} \tag{3.39}$$

Beispielsweise ist:

$$T^i_{\ j:k} = T^i_{\ j,k} - \Gamma^l_{jk} T^i_{\ l} + \Gamma^i_{lk} T^l_{\ j}$$

Man beachte dabei, dass auf der rechten Seite dieser Gleichung die Indizes des Tensors **T** über die nicht summiert wird (z.B. i) an der gleichen Stelle wie auf der linken Seite sitzen. Auch die Produktregel in (3.38) gilt allemeiner. Hat man zwei beliebige Tensoren **T** und **G** (die Indizes unterschlagen wir hier), so gilt:

$$(\mathbf{TG})_{:d} = \mathbf{T}_{:d}\mathbf{G} + \mathbf{TG}_{:d}$$

Dies folgt durch direkte Rechnung aus (3.39). Weiterhin stellt man fest, dass sich die kovariante Ableitung in einem euklidschen Raum mit kartesischen Koordinaten auf die herkömmliche Ableitung reduziert, sodass die kovariante Ableitung als Verallgemeinerung der partiellen Ableitung angesehen werden kann.
Für eine skalare Größe S gilt noch:

$$S_{:k} = S_{,k}$$

Dieses Ergebnis ergibt sich aus (3.39) und der Tatsache, dass sich S als Kontraktion von zwei Vektoren auffassen lässt ($S = A_i A^i$). Weiterhin erhält man für die kovariante Ableitung des metrischen Tensors **g** das für spätere Rechnungen wichtige Resultat:

$$g_{ij:k} = g_{ij,k} - \Gamma^l_{ik} g_{lj} - \Gamma^l_{jk} g_{il} = g_{ij,k} - \Gamma_{jik} - \Gamma_{ijk} \overset{(3.23)}{=} 0 \tag{3.40}$$

3.14 Aufstellen von Gesetzen in der ART

Werden physikalische Gesetze in der allgemeinen Relativitätstheorie aufgestellt, so müssen diese nach dem allgemeinen Relativitätsprinzip in allen

Koordinatensystemen die selbe Form annehmen. Die Forminvarianz (Kovarianz) kann dadurch sichergestellt werden, indem die Gesetze als Tensorgleichungen formuliert werden. Die Bedingung der Kovarianz, die man an die Gesetze stellt, bezeichnet man auch als **Kovarianzprinzip**.
Im letzten Kapitel haben wir die sogenannte kovariante Ableitung definiert. Sie ist gerade so konstruiert, dass ihr Resultat wieder ein Tensor liefert. Außerdem reduziert sie sich auf die gewöhnliche partielle Ableitung, wenn man sich auf euklidsche Räume mit kartesischen Koordinatensystemen beschränkt. Diese Beschränkung lag z. B. in der speziellen Relativitätstheorie vor. Daher gab es dort noch keine Notwendigkeit den Ableitungsbegriff zu reformulieren, um forminvarianten Tensorgleichungen zu erhalten. Nun haben wir in der speziellen Relativitätstheorie schon einige Gesetze in Form von Lorentztensorgleichungen aufgestellt. Diese Gesetze werden natürlich wegen des Äquivalenzprinzip auch weiterhin gelten, wenn man sich auf die lokalen Inertialsysteme (Satellitenlabor) beschränkt.
Wir verfolgen nun das Ziel, sämtliche tensoriellen Größen aus der speziellen Relativitätstheorie (Lorentztensoren, Lorentztensoroperatoren) in Tensoren des riemannschen Raums, sogenannte Riemanntensoren (oder kurz Tensoren), zu übersetzen. Dabei haben wir einfach sämtliche gewöhnlichen Differentiale d (im Zähler) durch kovariante Differentiale D bzw. partielle Ableitungen durch kovariante Ableitungen und Lorentztensoren durch Riemanntensoren zu ersetzen. Die letzte Ersetzung ist ziemlich trivial. Hat man beispielsweise einen Lorentzvektor A^i_{Lor}, so stellt dieser im lokalen Inertialsystem (ξ^i) einen Vektor dar. Gehen wir zu globalen Koordinaten (x^i) über, so wird die neue Darstellung A^i aus A^i_{Lor} wie folgt hervorgehen:

$$A^i = \frac{\partial x^i}{\partial \xi^\mu} A^\mu_{\text{Lor}} = x^i_{,\mu} A^\mu_{\text{Lor}}$$

Geht man nun zu einem anderen Koordinatensystem x'^i über, so gilt:

$$A'^i = x'^i_{,\mu} A^\mu_{\text{Lor}} = x'^i_{,j} x^j_{,\mu} A^\mu_{\text{Lor}} = x'^i_{,j} A^j$$

Daher ist A^i ein Riemanntensor. Damit ist implizit auch geklärt, wie man aus Lorentztensoren höherer Stufe die dazugehörigen Riemanntensoren konstruiert.
Als Beispiel betrachten wir die Bewegungsgleichung eines Körpers im lokalen IS:

$$\frac{d^2\xi^\mu}{d\tau^2} = \frac{d}{d\tau}\left(\frac{d\xi^\mu}{d\tau}\right) = 0 \tag{3.41}$$

Dabei ist $d\xi^\mu$ ein Lorentzvektor, dem wir einen realen Vektor im Tangentialraum zuordnen können.[18] Im KS x^i gilt damit:

$$dx^i = x^i_{,\mu} d\xi^\mu$$

Mit $v^i := \frac{dx^i}{d\tau}$ erhält man den (riemannschen) Geschwindigkeitsvektor und durch die Ersetzung $d \to D$ wird (3.41) zu:

$$\frac{Dv^i}{d\tau} = 0 \Leftrightarrow \frac{v^i_{,j} dx^j + \Gamma^i_{jk} v^j dx^k}{d\tau} = 0$$

Damit ergibt sich unter der Beachtung von $v^i_{,j} v^j = \frac{dv^i}{d\tau}$:

$$\frac{dv^i}{d\tau} + \Gamma^i_{jk} v^j v^k = 0$$

Dieses Ergebnis stimmt mit der Bewegungsgleichung (3.32) überein. Man hat damit eine formale Methode, die es ermöglicht, kovariante Gesetze aufzustellen, die sich automatisch beim Übergang zum Minkowskiraum ($g_{ij} \to \eta_{ij}$) auf die bekannten Gesetze der speziellen Relativitätstheorie reduzieren.
Die Maxwellgleichungen (2.54) nehmen somit die Form

$$F^{ik}_{:i} = \frac{4\pi}{c} j^k \quad , \qquad \underbrace{F_{jk:i} + F_{ki:j} + F_{ij:k}}_{F_{jk,i} + F_{ki,j} + F_{ij,k}} = 0$$

an. Dass diese Methode tatsächlich zu den richtigen Gesetzen führt ist damit aber noch nicht streng logisch bewiesen. Dies ist aber in keinem Bereich der Physik möglich. Man stützt sich immer auf Grundannahmen, von denen man annimmt sie seien richtig, um davon ausgehend weitere Resultate zu erlangen. Ebenso werden wir Gesetze, die kovariant formuliert sind und sich in einem bekannten Grenzfall als richtig erweisen, als gültige Gesetze annehmen.

3.15 Einige nützliche Beziehungen

Praktische Berechnung der Christoffelsymbole

Führt man konkrete Rechnungen durch, so ist es oft notwendig, aus dem metrischen Tensor die Christoffelsymbole zu bestimmen. Anstatt aber (3.24)

[18] Die obige Übersetzungsvorschrift gilt nicht für die Koordinaten ξ^μ selbst, obwohl diese in der speziellen Relativitätstheorie Lorentzvektoren darstellen. Allerdings kann ihnen auch kein realer Vektor im Tangentialraum zugewiesen werden, und auf dieser Vorstellung basiert ja die obige Übersetzungsvorschrift!

zu benutzen, ist es oft einfacher wie folgt vorzugehen: Es ist bekannt, dass sich ein Körper im kräftefreien Fall entlang einer Geodäten bewegt. Die Geodätengleichung lautete:

$$\frac{d^2x^i}{d\tau^2} + \Gamma^i_{jk}\frac{dx^j}{d\tau}\frac{dx^k}{d\tau} = 0 \tag{3.42}$$

Dies ist nun äquivalent zu:

$$\delta \int ds = \delta \int \frac{ds}{d\tau} d\tau = 0$$

Dies ist aber wiederum äquivalent zu:

$$\delta \int (\frac{ds}{d\tau})^2 d\tau = 0$$

Setzt man $L := (\frac{ds}{d\tau})^2 = \frac{(ds)^2}{(d\tau)^2}$, so folgt aus den Lagrangegleichungen:

$$\frac{d}{d\tau}\frac{\partial L}{\partial(\frac{dx^i}{d\tau})} - \frac{\partial L}{\partial x^i} = 0. \tag{3.43}$$

Konkretes ausrechnen von (3.43) und der Vergleich mit (3.42) führen zu den Christoffelsymbolen.

Determinante des metrischen Tensors

Bezeichnen wir die Determinante des metrischen Tensors **g** mit g. Aus der linearen Algebra ist bekannt, dass sich **g** wie folgt ergibt:

$$g = \det(g_{ij}) = \epsilon^{i_1 i_2 \dots i_n} g_{1i_1} g_{2i_2} \cdots g_{ni_n}$$

Hierin hat $\epsilon^{i_1 i_2 \dots i_n}$ den Wert 1 für gerade Permutationen, -1 für ungerade Permutationen und 0 sonst, wenn also beispielsweise mehrere Indizes den selben Wert haben.
Im physikalischen Raum ($n = 4$) wird $g < 0$ sein. Dies liegt an $\det(\eta_{ij}) = -1$ und

$$g_{ij}(x) = \xi^i_{,k}\xi^j_{,l}\eta^{kl} = A\eta A^T \text{ mit } A_{ij} = \xi^i_{,j},$$

wobei im letzten Schritt die Matrixschreibweise verwendet wurde. Die Matrix A wird auch Jakobinermatrix genannt. Damit ergibt sich:

$$\det(g_{ij}) = \det(A)^2 det(\eta) = -\det(A)^2 < 0.$$

Bilden wir noch die partielle Ableitung

$$g_{,k} = \sum_{j=1}^{n} \epsilon^{i_1 i_2 \dots i_n} g_{1i_1} g_{2i_2} \cdots g_{ji_j,k} \cdots g_{ni_n} \tag{3.44}$$

und machen folgende Umformung:

$$g_{ji_j,k} = g_{jl,k}\delta^l_{i_k} = g_{jl,k}g^{lr}g_{ri_k} \tag{3.45}$$

so erhalten wir durch Einsetzen der rechten Seite von (3.45) in (3.44) gerade den einfachen Ausdruck:

$$g_{,k} = g \cdot g^{jl}g_{jl,k} \tag{3.46}$$

Mit diesem Resultat erhält man z. B. für Γ^i_{ji}:

$$\Gamma^i_{ji} = g^{li}\Gamma_{lji} = \frac{1}{2}g^{li}(g_{lj,i} + g_{li,j} - g_{ij,l}) = \frac{1}{2}g^{li}g_{li,j} \overset{(3.46)}{=} \frac{1}{2}(-g)^{-1}(-g)_{,j} =$$

$$= \frac{1}{2}(\log(-g))_{,j} = (\log(\sqrt{-g}))_{,j} = \frac{(\sqrt{-g})_{,j}}{\sqrt{-g}}. \tag{3.47}$$

Kovariante Divergenz

Die kovariante Divergenz eines Vektorfeldes A^i lautet $A^i_{;i}$. Diese lässt sich mithilfe von (3.47) wie folgt umschreiben:

$$A^i_{;i} = A^i_{,i} + \Gamma^i_{ij}A^j = A^i_{,i} + (\sqrt{-g})^{-1}(\sqrt{-g})_{,j}A^j = (\sqrt{-g})^{-1}(\sqrt{-g}A^i)_{,i}$$

Hieraus folgt:

$$A^i_{;i}\sqrt{-g} = (\sqrt{-g}A^i)_{,i} \tag{3.48}$$

Für Tensoren höherer Stufe lassen sich keine solche Darstellung finden. Eine Ausnahme stellt allerdings ein antisymmetrischer kontravarianter Tensor der Stufe 2 dar. Ist nämlich A^{ij} ein solcher, also

$$A^{ij} = -A^{ji} \tag{3.49}$$

so ergibt sich:

$$A^{ij}_{;j} = A^{ij}_{,j} + \Gamma^i_{jk}A^{kj} + \Gamma^j_{jk}A^{ik} \overset{(3.49)}{=} A^{ij}_{,j} + \Gamma^j_{jk}A^{ik} \overset{(3.47)}{=} A^{ij}_{,j} + \frac{(\sqrt{-g})_{,j}}{\sqrt{-g}}A^{ij}. \tag{3.50}$$

Dieses Resultat lässt sich dann wieder wie (3.48) schreiben.

Das Volumenelement

Das Volumenelement $dx^1dx^2 \ldots dx^n$ transformiert sich unter Koordinatentransformation bekanntlich wie folgt:

$$dx'^1dx'^2 \ldots dx'^n = \det(x'^i_{,j})dx^1dx^2 \ldots dx^n$$

Wegen $g = \det(g_{ij}(x)) = (\det(x'^{i}_{,j}))^2 g'$, hat $\sqrt{-g}$ das inverse Transformationsverhalten wie das Volumenelement. Somit ist

$$\sqrt{-g} \cdot dx^1 dx^2 \dots dx^n$$

ein Skalar, also

$$\sqrt{-g} \cdot dx^1 dx^2 \dots dx^n = \sqrt{-g'} \cdot dx'^1 dx'^2 \dots dx'^n$$

Kovarianzprinzip und Erhaltungssätze

Um die Bedingung der Forminvarianz auch in gekrümmten Räumen zu erfüllen, hatten wir u.a. die partiellen Ableitungen durch kovariante Ableitungen zu ersetzen. Dies führt beispielsweise dazu, dass der Erhaltungssatz $T^{ij}_{,j} = 0$ (vgl. (2.30)) durch $T^{ij}_{:j} = 0$ zu ersetzen ist. $T^{ij}_{:j} = 0$ stellt aber i. Allg. kein Erhaltungssatz mehr dar. Dies liegt einfach daran, dass der Gaußsche Integralsatz nicht mehr für $T^{ij}_{:j}$ anwendbar ist. Nur für Tensoren der Stufe 1 (Vektoren) und antisymmetrische Tensoren der Stufe 2 kann man mit (3.48) bzw. (3.50) die kovariante Ableitung durch partielle Ableitungen ersetzen, sodass der Gaußsche Satz wieder angewendet werden kann.
Als Beispiel betrachten wir ein Vektorfeld $A^i(\mathbf{x})$ für das $A^i_{:i} = 0$ gilt. Wegen (3.48) gilt daher: $(A^i\sqrt{-g})_{,i} = 0$. Hierfür lässt sich dann der Gaußsche Satz anwenden.

3.16 Der Krümmungstensor

Bevor die Einsteinschen Feldgleichungen eingeführt werden, wird noch der sogenannte Ricci-Tensor R_{ij} benötigt, um die Feldgleichungen in einer kompakten Form darstellen zu können. Dieser Tensor ensteht durch Verjüngung des Krümmungstensors, der in diesem Abschnitt eingeführt wird. Mithilfe des Krümmungstensors lässt sich außerdem die Frage beantworten, wie man formal aus der Kenntnis des metrischen Tensors feststellen kann, ob der Raum gekrümmt ist. Betrachten wir hierzu die zweite kovariante Ableitung $A_{i:j:k}$ eines Vektorfeldes A_i. Während bei der normalen partiellen Ableitung die Differenz $A_{i,j,k} - A_{i,k,j}$ gleich null ist, erhält man für die kovarianten Ableitungen mittels direkter Rechnung:

$$A_{i:j:k} - A_{i:k:j} = (\Gamma^l_{ik,j} + \Gamma^m_{ik}\Gamma^l_{mj} - \Gamma^l_{ij,k} - \Gamma^m_{ij}\Gamma^l_{mk})A_l =: R^l_{ijk}A_l. \tag{3.51}$$

Man beachte, dass die zwei letzten Terme in der Klammer gerade den ersten beiden Termen entsprechen, wobei k und j vertauscht sind. Dabei ist die Größe

$$R^l_{ijk} = (\Gamma^l_{ik,j} + \Gamma^m_{ik}\Gamma^l_{mj} - \Gamma^l_{ij,k} - \Gamma^m_{ij}\Gamma^l_{mk}) \tag{3.52}$$

i.Allg. ungleich null. Wegen des Quotiententheorems ist diese Größe ein Tensor der Stufe 4. Der Tensor wird als **Krümmungstensor** bezeichnet, da er Auskunft über die Krümmung des Raumes liefert.
Hat man nämlich einen euklidschen Raum, so kann man immer ein Koordinatensystem einführen, in dem der metrische Tensor eine konstante Matrix darstellt. Also verschwindet der Krümmungstensor wegen (3.24) im gesammten Koordinatensystem. Wegen der Tensoreigenschaft von R^l_{ijk} ergibt sich dann das Verschwinden in jedem Koordinatensystem des euklidschen Raumes. Umgekehrt lässt sich aber auch nachweisen, dass der Raum flach ist, wenn der Tensor R^l_{ijk} in jedem Punkt des Raumes verschwindet. Es gilt somit:

$$R^l_{ijk}(\mathbf{x}) = 0 \;\; \forall \;\; \mathbf{x} \in R \Longleftrightarrow R \text{ ist euklidischer Raum}$$

Ist also $R^l_{ijk} \neq 0$, so ist der zugrundeliegende Raum gekrümmt und entsprechend ist die Bezeichnung 'Krümmungstensor' für R^l_{ijk} gerechtfertigt. Der Zusammenhang zwischen dem metrischen Tensor und dem Krümmungstensor ergibt sich mit der Hilfe von (3.24).
Wir hatten früher schon angemerkt, dass das Resultat einer Parallelverschiebung eines Vektors i. Allg. vom Weg abhängig ist. Das Folgende wird zeigen, dass diese Abhängigkeit nur in euklidschen Räumen wegfällt. Man kann dies für ein Vektorfeld $A_i(x^1, x^2)$ eines zweidimensionalen Raumes leicht einsehen. Hierzu wird im Folgenden x mit x^1 und y mit x^2 identifiziert und eine neue Schreibweise benutzt: Bezeichnen wir z. B. mit $A_i(x,y)\|(0,dy)$ den Vektor, der entsteht, wenn man den Vektor $A_i(x,y)$ nach $(x, y{+}dy)$ parallel verschiebt. Es entsteht damit ein neuer Vektor an der Stelle $(x, y{+}dy)$. Somit bedeutet z. B. $A_i(x,y)\|(0,dy)\|(dx,0)$ eine Parallelverschiebung des Vektors A_i von (x,y) nach $(x, y{+}dy)$ und eine nochmalige Parallelverschiebung des neu entstandenen Vektors von $(x, y+dy)$ nach $(x+dx, y+dy)$. Damit wird:

$$A_{i:1:2} = \frac{D}{dy}\left(\frac{DA_i(x,y)}{dx}\right) = \frac{D}{dy}\left(\frac{A_i(x+dx,y) - A_i(x,y)\|(dx,0)}{dx}\right) =$$

$$\frac{(A_i(x+dx,y+dy) - A_i(x,y+dy)\|(dx,0)) - ((A_i(x+dx,y) - A_i(x,y)\|(dx,0))\|(0,dy))}{dxdy} =$$

$$= \frac{A_i(x+dx,y+dy) - A_i(x,y+dy)\|(dx,0) - A_i(x+dx,y)\|(0,dy) + (A_i(x,y)\|(dx,0))\|(0,dy)}{dxdy}$$

Damit ergibt sich, wenn man die gleiche Rechnung für $A_{i:2:1}$ macht:

$$A_{i:1:2}(x,y) - A_{i:2:1}(x,y) =$$

$$= \frac{(A_i(x,y)\|(dx,0))\|(0,dy) - (A_i(x,y)\|(0,dy))\|(dx,0)}{dxdy}.$$

Verschwindet R^l_{ijk} in jedem Punkt des Raumes, so ist wegen (3.51) der von (x, y) nach $(x + dx, y + dy)$ parallelverschobene Vektor A_i unabhängig vom gewählten Weg.

3.17 Symmetrien des Krümmungstensors

Aus (3.52) lässt sich direkt ablesen:

$$R^l_{ijk} = -R^l_{ikj} \tag{3.53}$$

Weiterhin erkennt man mittels (3.52):

$$R^l_{<ijk>} := R^l_{ijk} + R^l_{jki} + R^l_{kij} = 0, \tag{3.54}$$

wobei die kompakte Schreibweise $R^l_{<ijk>}$ eingeführt wurde.
Aus der folgenden Rechnung ergeben sich weitere Symmetrien:

$$R_{hijk} = g_{lh} R^l_{ijk} = g_{lh}\Gamma^l_{ik,j} + \Gamma^m_{ik}\Gamma_{hmj} - g_{lh}\Gamma^l_{ij,k} - \Gamma^m_{ij}\Gamma_{hmk}) =$$

$$= \Gamma_{hik,j} - g_{lh,j}\Gamma^l_{ik} + \Gamma^m_{ik}\Gamma_{hmj} - \Gamma_{hij,k} + g_{lh,k}\Gamma^l_{ij} - \Gamma^m_{ij}\Gamma_{hmk}) =$$

$$\overset{(g_{lh,j}=\Gamma_{lhj}+\Gamma_{hlj})}{=} \Gamma_{hik,j} - \Gamma_{lhj}\Gamma^l_{ik} - \Gamma_{hij,k} + \Gamma_{lhk}\Gamma^l_{ij}$$

Hierin wurde noch $g_{lh}\Gamma^l_{ik,j} = (g_{lh}\Gamma^l_{ik})_{,j} - g_{lh,j}\Gamma^l_{ik}$ benutzt. Unter Verwendung von (3.24) ergibt sich:

$$R_{hijk} = \frac{1}{2}(g_{hk,i,j} + g_{ij,h,k} - g_{ik,h,j} - g_{hj,i,k}) - \Gamma_{lhj}\Gamma^l_{ik} + \Gamma_{lhk}\Gamma^l_{ij}$$

Aus diesem Resultat lassen sich die folgenden Symmetrien ablesen:

$$R_{hijk} = -R_{ihjk} \qquad \text{und} \qquad R_{hijk} = R_{jkhi} = R_{kjih} \tag{3.55}$$

Daher sind im vierdimensionalen physikalischem Raum von den ursprünglich 256 Komponenten des Krümmungstensors nur noch 20 voneinander unabhängig. Dies kann man sich wie folgt klarmachen: Die Beziehungen (3.53) und (3.55) lassen sich folgendermaßen ausdrücken:

$$R_{hijk} = -R_{hikj} = R_{ihkj} = -R_{ihjk}$$

Daher sind nur die Komponenten von Null verschieden, deren vorderen beiden Indizes als auch die beiden hinteren Indizes ungleich sind. Diese lassen sich in einer 6×6 Matrix darstellen:

$$\begin{matrix} R_{1010} & R_{1020} & R_{1021} & R_{1030} & R_{1031} & R_{1032} \\ R_{2010} & R_{2020} & R_{2021} & R_{2030} & R_{2031} & R_{2032} \\ R_{2110} & R_{2120} & R_{2121} & R_{2130} & R_{2131} & R_{2132} \\ R_{3010} & R_{3020} & R_{3021} & R_{3030} & R_{3031} & R_{3032} \\ R_{3110} & R_{3120} & R_{3121} & R_{3130} & R_{3131} & R_{3132} \\ R_{3210} & R_{3220} & R_{3121} & R_{3230} & R_{3231} & R_{3232} \end{matrix}$$

(3.55) beschreibt nun gerade die Symmetrie dieser Matrix. Daher hat man nur noch $\frac{30}{2} + 6 = 21$ unabhängige Komponenten. Die Bedingung (3.54) bewirkt schließlich, dass gerade 20 Komponenten des Krümmungstensors als unabhängig angesehen werden dürfen.

Abschließend werden dem Leser noch Beziehungen vorgestellt, die unter dem Namen 'Bianchi-Identitäten' bekannt sind. Gehen wir dazu in ein lokales Inertialsystem. Dort verschwinden die Christoffelsymbole und die kovariante Ableitung wird zur partiellen Ableitung.[19] Damit gilt im lokalen IS:

$$R_{hijk:r} = g_{hl}(\Gamma^l_{ik,r,j} - \Gamma^l_{ir,k,r})$$

Schreibt man diese Beziehung auch für $R_{hikr:j}$ und $R_{hirj:k}$ an, so erhält man wegen der Vertauschbarkeit von partiellen Ableitungen sofort die sogenannten Bianchi-Identitäten:

$$R_{hi<jk,r>} = R_{hijk:r} + R_{hikr:j} + R_{hirj:k} = 0 \tag{3.56}$$

Da auf der linken Seite eine Summe aus Tensoren steht, also wieder ein Tensor, gilt (3.56) in allen Koordinatensystemen.

Wir haben in (3.52) gesehen, wie sich der Krümmungstensor durch die Christoffelsymbole und damit durch den metrischen Tensor ausdrücken lässt. Umgekehrt kann man bei Vorgabe eines Krümmungstensors nur dann einen zugehörigen metrischen Tensor finden, wenn der Krümmungstensor (3.56) erfüllt.

3.18 Der Ricci-Tensor

Wegen der Symmetrien des Krümmungstensors ergeben sich vier Möglichkeiten selbigen zu kontrahieren, ohne ein verschwindendes Ergebnis zu erhalten. Eine davon ist die Folgende:

$$R_{ij} := R^k_{ijk} = g^k_l R^l_{ijk}$$

[19] Das Verschwinden der Christoffelsymbole in einem lokalen IS wird im übernächsten Abschnitt explizit gezeigt.

Die anderen Möglichkeiten ergeben wegen (3.55) das gleiche Resultat. Der Tensor R_{ij} wird **Ricci-Tensor** genannt. Ausführlich angeschrieben setzt er sich aus den Christoffelsymbolen zusammen:

$$R_{ij} = \Gamma^l_{il,j} - \Gamma^l_{ij,l} - \Gamma^l_{ij}\Gamma^k_{lk} + \Gamma^l_{ik}\Gamma^l_{jl} \tag{3.57}$$

In (3.47) wurde gezeigt, dass $\Gamma^l_{il} = \frac{1}{2}(\log g)_{,i}$ gilt. Somit ist $\Gamma^l_{il,j} = \Gamma^l_{jl,i}$ und damit ist der Ricci-Tensor symmetrisch:

$$R_{ij} = R_{ji}$$

Als **Krümmungsskalar** R wird die Kontraktion des Ricci-Tensors bezeichnet:

$$R = R^i_i$$

Leiten wir abschließend noch eine Identität ab, die im Umfeld der Einsteinschen Feldgleichungen von Bedeutung ist. Wegen der Gültigkeit der Bianchidentitäten (3.56) gilt insbesondere:

$$g^{ij}(R^h_{ijk:h} + R^h_{ikh:j} + R^h_{ihj:k}) = 0$$

Dies lässt sich wegen $g^{ij}_{:k} = 0$ (vgl. (3.40)) auch wie folgt schreiben:

$$(g^{ij}R^h_{ijk})_{:h} + (g^{ij}R^h_{ikh})_{:j} + (g^{ij}R^h_{ihj})_{:k}) = 0 \tag{3.58}$$

Hierin lassen sich die Klammerausdrücke noch vereinfachen:

$$g^{ij}R^h_{ijk} = g^{ij}g^{hl}R_{lijk} = g^{hl}R_{lk} = R^h_k$$

Damit wird (3.58) zu:

$$2R^h_{k:h} - R_{:k} = 0$$

Weiteres Umformen ergibt:

$$0 = g^{kl}(2R^h_{k:h} - R_{:k}) = (2g^{kl}R^h_k)_{:h} - g^{kl}R_{:k} = 2R^{hl}_{:h} - g^{kl}R_{:k} = (2R^{lh} - g^{lk}R)_{:l}$$

Teilt man dieses Ergebnis durch 2, so erhält man die für noch kommende Umformungen wichtige Identität:

$$(R^{lh} - \frac{1}{2}g^{lk}R)_{:l} = 0 \tag{3.59}$$

3.19 Die Einsteinschen Feldgleichungen

Um die Bewegung eines freien Teilchens in einem gekrümmten Raum berechnen zu können, waren die Christoffelsymbole notwendig, die sich mithilfe des metrischen Tensors bestimmen lassen. In einem Raum mit einer gegebenen Masseverteilung ist der metrische Tensor aber *a priori* nicht bekannt. Dennoch lässt sich der metrische Tensor bestimmen, und zwar mithilfe der Einsteinschen Feldgleichungen.

Wie alle grundlegenden Gleichungen der Physik sind auch die Einsteinschen Feldgleichungen nicht streng logisch herleitbar. Daher wird an dieser Stelle darauf verzichtet, eine Art Herleitung der Feldgleichungen darzulegen. Einstein stellte 1915 folgende Feldgleichungen auf:[20]

$$\boxed{R_{ij} - \frac{R}{2} g_{ij} = -\frac{8\pi\gamma}{c^4} T_{ij}} \tag{3.60}$$

Wegen der Symmetrie des Ricci-Tensors, sind dies 10 partielle Differentialgleichungen für die 10 Komponenten des metrischen Tensor g_{ij}, der über (3.57) und (3.24) in R_{ij} und R enthalten ist. Auf der rechten Seite steht T_{ij} für den Energie-Impuls-Tensor des gesamten Systems. Er stellt also i. Allg. eine Summe aus einzelnen Energie-Impuls-Tensoren dar. Allerdings enthält dieser nicht den Energie-Impuls-Tensor des Gravitationsfeldes selbst. Dies liegt einfach daran, weil es keinen Energie-Impuls-Tensor des Gravitationsfeldes gibt. Man kann nämlich in jedem Punkt des Raumes das Gravitationsfeld zum Verschwinden bringen (lokales IS), sodass ein Energie-Impuls-Tensor des Gravitationsfeldes wegen seiner Tensoreigenschaft in allen Koordinatensystemen identisch null sein müsste.

Die Gültigkeit der Feldgleichungen wird durch folgende Punkte gestützt:

- Die Feldgleichungen sind kovariant.
- Nach (2.46) unterliegt T_{ij} der Bedingung: $T^{ij}_{\ ;j} = 0$. Nach (3.59) gilt dies aber auch für die linke Seite der Feldgleichungen.
- Der Energie-Impuls-Tensor ist symmetrisch: $T_{ij} = T_{ji}$. Dies gilt ebenfalls für die linke Seite der Feldgleichungen.
- Für schwache (stationäre) Felder erhält man den Newtonschen Grenzfall

Unter dem **Newtonschen Grenzfall** verstehen wir:

$$\Delta g_{00}(x) = \frac{8\pi\gamma}{c^4} T_{00} \tag{3.61}$$

Um in (3.61) den Newtonschen Grenzfall zu erkennen, schreiben wir das Newtonsche Gravitationsgesetz

$$\Delta G(x) = 4\pi\gamma\rho(x) \tag{3.62}$$

[20] Wir setzen hier und im Folgenden die später von Einstein eingeführte **Kosmologische Konstante** Λ auf null.

etwas um. Dabei ist $G = \gamma M/r$ das klassische Gravitationspotential und γ die Gravitationskonstante. Im Abschnitt (3.7) hatten wir für diesen Grenzfall den Zusammenhang zwischen der Komponente g_{00} des metrischen Tensors und G abgeleitet. Dieser Zusammenhang lautet:

$$g_{00} = 1 - \frac{2G}{c^2}$$

Setzt man dies in (3.62) ein und benutzt für ρ den bekannten Zusammenhang aus (2.44), nämlich $\rho = \frac{T_{00}}{c^2}$, so ergibt sich:

$$\Delta g_{00}(x) = -\frac{8\pi\gamma}{c^4} T_{00}$$

Wegen (3.59) (vgl. Punkt 2 in der obigen Aufzählung) sind von den 10 Feldgleichungen nur 6 als unabhängig anzusehen. Dies spiegelt sich in einer Freiheit der Lösungen g_{ij} wieder. Diese Freiheit stellt gerade die Freiheit der Wahl des Koordinatensystems dar – in unterschiedlichen Koordinatensystemen nehmen die Lösungen g_{ij} unterschiedliche Formen an.
Multiplizieren wir die Feldgleichung (3.60) mit g^{ij} so ergibt sich:

$$R = \frac{8\pi\gamma}{c^4} T$$

Damit kann man (3.60) auch wie folgt schreiben

$$R_{ij} = -\frac{8\pi\gamma}{c^4}(T_{ij} - \frac{1}{2} g_{ij} T)$$

und die Feldgleichungen im Vakuum (keine Felder außer dem Gravitationsfeld) reduzieren sich auf:

$$R_{ij} = 0 \tag{3.63}$$

3.20 Folgerungen aus den Feldgleichungen

In diesem Abschnitt wird gezeigt, wie man die Erhaltung der Masse und die Geodätengleichung (3.31) aus den Feldgleichungen ableiten kann. Sie stellen daher keine zu den Feldgleichungen unabhängigen Beziehungen dar. Einem punktförmigen Körper, der sich durch den Raum bewegt, wird bekanntlich der Geschwindigkeitsvektor $v^i = \frac{dx^i}{d\tau}$ mit $c^2 d\tau^2 = ds^2 > 0$ zugewiesen. Mit $g_{ij:k} = 0$ (vgl. (3.40)) gilt:

$$0 = \underbrace{(v_i v^i)_{:j}}_{(v_i v^i)_{,j}} = v_i v^i_{:j} + \underbrace{v_{i:j}}_{(g_{ki} v^k)_{:j}} v^i = v_i v^i_{:j} + v^k_{:j} v_k = 2 v_i v^i_{:j}$$

Daher gilt:

$$v_i v^i_{:j} = 0$$

Betrachten wir nun die Feldgleichung (3.60) und identifizieren den Energie-Impuls-Tensor mit $T_{ij} = \rho v_i v_j$. Da aber $T^{ij}_{:j} = 0$ gilt, findet man:

$$(\rho v^i vj)_{:j} = (\rho v^j)_{:j} v^i + \rho v^j v^i_{:j} = 0$$

Wird diese Gleichung mit v_i multipliziert, so ergibt sich die Beziehung:

$$v_i (\rho v^j)_{:j} v^i + \rho v^j \underbrace{v_i v^i_{:j}}_{=0} = 0 \tag{3.64}$$

Damit erhält man:

$$(\rho v^j)_{:j} = 0 \tag{3.65}$$

Dies ist gerade der Erhaltungssatz für die Masse. Wegen (3.65) und (3.64) gilt dann auch:

$$v^j v^i_{:j} = 0 \tag{3.66}$$

Die linke Seite lässt sich mit $\frac{dv^i}{d\tau} = v^i_{,j} v^j$ zu

$$v^j v^i_{:j} = v^j (v^i_{,j} + \Gamma^i_{kj} v^k) = \frac{dv^i}{d\tau} + \Gamma^i_{jk} v^j v^k,$$

umformen, sodass (3.66) gerade die Geodätengleichung (3.32) darstellt.[21]

3.21 Spezielle Vakuumlösung der Feldgleichungen

In diesem Abschnitt werden wir die sogenannte Schwarzschildlösung bestimmen. Darunter versteht man eine spezielle Lösung der Feldgleichungen für den Außenraum einer kugelsymmetrischen statischen Massenverteilung. Führen wir ein Koordinatensystem ein und setzen den Mittelpunkt der Massenverteilung in den Ursprung des Koordinatensystems. Da es sich um eine statische Massenverteilung handeln soll, wird der Mittelpunkt der Massenverteilung für alle Zeiten im Koordinatenursprung verweilen. Benutzen wir speziell Kugelkoordinaten (r, α, β), um den dreidimensionalen Raum (t ist konstant) zu 'adressieren'.[22] Damit haben verschiedene Punkte des vierdimensionalen Raums, deren jeweilige Radiuskoordinate r übereinstimmen, den gleichen räumlichen Abstand zum Ursprung. Wegen der Kugelsymmetrie des Problems wird an Orten mit gleichem r auch der gleiche

[21] Dies steht im Gegensatz zu den Maxwellgleichungen. Aus diesen ist nur die Kontinuitätsgleichung ableitbar.

[22] Bei dieser 'Adressierung' ist natürlich der Ursprung herauszunehemen, da diese Adresse nicht mehr eindeutig ist (z.B. (0,0,0) oder (0,0,π/2)).

metrischen Tensor gültig sein, sodass $g_{ij}(\vec{r}) = g_{ij}(r)$ gilt. Der 'Radius' r selbst wird aber wegen der Raumkrümmung kein direktes Maß dafür sein, wie groß der räumliche Abstand dieser Punkte zum Ursprung ist.
Der allgemeinste Ansatz für das Wegelement, der mit der Kugelsymmetrie des Feldes vereinbar ist, lautet:

$$(ds)^2 = f(r)c^2dt^2 - g(r)dr^2 - h(r)r^2(d\alpha^2 + \sin^2\alpha d\beta^2). \qquad (3.67)$$

Man kann nun in den Funktionen $f(r), g(r)$ und $h(r)$ das Argumnet r durch beliebige wiederum von r abhängige Funktionen ersetzen, ohne dabei die Kugelsymmetrie $g_{ij} = g_{ij}(r)$ zu verletzen. Allerdings wird die Bedeutung der Koordinaten (t, r, α, β) davon beeinflusst. Machen wir in den Argumenten die Ersetzung $r \to h^{-1}(r)$, so ergibt sich:

$$(ds)^2 = f(h^{-1}(r))c^2dt^2 - g(h^{-1}(r))dr^2 - r^2(d\alpha^2 + \sin^2\alpha d\beta^2). \qquad (3.68)$$

Durch diese Wahl des Wegelements haben wir der Koordinaten r schon eine Bedeutung zugeteilt. Messen wir nämlich die räumliche Länge l des Kreisumfangs, der durch die Punktmenge $K_R := \{(t, r, \alpha, \beta) : r = R, \alpha \in (0, 2\pi], \beta = \text{konst.}, t = \text{konst.}\}$ gebildet wird, so erhält man mit (3.68):

$$l = \int_{K_R} ds = R \int_0^{2\pi} d\alpha = 2\pi R$$

Dies bedeutet, dass r gerade so gewählt wurde, dass der Umfang eines Kreises K_r, mit dem Koordinatenursprung als Mittelpunkt, $2\pi r$ beträgt. Wegen der Krümmung des Raums werden aber die auf dem Kreis liegenden Punkte einen größeren räumlichen Abstand als r zum Ursprung besitzen. Dies können wir zeigen, wenn die Funktion $g(h^{-1}(r))$ durch die Feldgleichungen feststeht. Wählen wir die Funktionen $u(r)$ und $v(r)$, sodass Folgendes gilt: $u(r) = f(h^{-1}(r))$ und $v(r) = g(h^{-1}(r))$, so ergibt sich (3.67) zu

$$(ds)^2 = u(r)c^2dt^2 - v(r)dr^2 - r^2(d\alpha^2 + \sin^2\alpha d\beta^2)$$

Die noch unbekannten Funktionen u und v werden jetzt durch die Feldgleichungen (3.63) bestimmt. Aus

$$g_{ij}(r) = \begin{pmatrix} u(r) & 0 & 0 & 0 \\ 0 & -v(r) & 0 & 0 \\ 0 & 0 & -r^2 & 0 \\ 0 & 0 & 0 & -r^r \sin^2\alpha \end{pmatrix}$$

lassen sich die Christoffelsymbole und daraus der Ricci-Tensor R_{ij} bestimmen. Man erhält für diesen nach einiger Rechnung

$$R_{ij}(r) = \begin{pmatrix} R_{00}(r) & 0 & 0 & 0 \\ 0 & R_{11}(r) & 0 & 0 \\ 0 & 0 & R_{22}(r) & 0 \\ 0 & 0 & 0 & R_{33}(r) \end{pmatrix}$$

mit den Komponenten (die Striche deuten die Ableitung nach r an)

$$R_{00} = -\frac{u''}{2v} + \frac{u'}{4v}(\frac{v'}{v} + \frac{u'}{u}) - \frac{u'}{rv}$$

$$R_{11} = \frac{u''}{2u} + \frac{u'}{4u}(\frac{v'}{v} + \frac{u'}{u}) - \frac{v'}{rv} \tag{3.69}$$

$$R_{22} = -1 - \frac{r}{2v}(\frac{v'}{v} - \frac{u'}{u}) + \frac{1}{v} \tag{3.70}$$

$$R_{33} = \sin^2 \alpha R_{22} \tag{3.71}$$

Die Feldgleichungen werden mit (3.63) zu:

$$R_{00} = 0 \qquad R_{11} = 0 \qquad R_{22} = 0 \qquad R_{33} = 0 \tag{3.72}$$

Dabei ist wegen (3.71) $R_{33} = 0$ schon erfüllt, wenn $R_{22} = 0$ gilt.
Wegen (3.72) verschwindet die Summe

$$\frac{R_{00}}{u} + \frac{R_{11}}{v} = -\frac{1}{rv}(\frac{v'}{v} + \frac{u'}{u}) = 0$$

Demnach muss der Klammerausdruck null werden und somit gilt wegen

$$(\frac{v'}{v} + \frac{u'}{u}) = \frac{d}{dr}(\log(u(r)) + \log(v(r))) = \frac{d}{dr}(\log(u(r)v(r))) = 0$$

die Beziehung:

$$u(r)v(r) = \text{konst.} =: C_1.$$

Setzen wir $v(r) = \frac{C_1}{u(r)}$ in (3.70) und (3.69) ein, so ergibt sich:

$$R_{22} = -1 + \frac{ru'}{C_1} + \frac{u}{C_1} \overset{(3.72)}{=} 0 \tag{3.73}$$

$$R_{11} = \frac{C_1}{2ru}(ru'' + 2u') = \frac{C_1}{2ru}\frac{dR_{22}}{dr} = 0$$

Damit ist $R_{11} = 0$ automatisch durch (3.73) erfüllt. (3.73) kann man auch wie folgt schreiben:

$$\frac{d}{dr}(\frac{ru}{C_1}) = 1$$

Hieraus erhält man:

$$u = C_1(1 + \frac{C_2}{r})$$

wobei C_2 wiederum eine Integrationskonstante darstellt. Wegen $v = C_1 u^{-1}$ ergibt sich der metrische Tensor zu

$$g_{ij}(r) = \begin{pmatrix} C_1(1+\frac{C_2}{r}) & 0 & 0 & 0 \\ 0 & -(C_1(1+\frac{C_2}{r}))^{-1} & 0 & 0 \\ 0 & 0 & -r^2 & 0 \\ 0 & 0 & 0 & -r^2\sin^2\alpha \end{pmatrix} \tag{3.74}$$

Man beachte, dass der funktionale Zusammenhang zwischen g_{ij} und dem Winkel α nicht explizit im Argument von g_{ij} mit angeschrieben wird, da die Ursache hierfür in den gewählten Kugelkoordinaten liegt und somit keine physikalische Eigenschaft des Raumes darstellt. Die hergeleitete Metrik $g_{ij}(r)$ trägt den Namen **Schwarzschildmetrik** und das zugehörige Wegelement hat die Form:

$$(ds)^2 = C_1(1 + \frac{C_2}{r})c^2dt^2 - \frac{dr^2}{C_1(1+\frac{C_2}{r})} - r^2(d\alpha^2 + \sin^2\alpha d\beta^2) \tag{3.75}$$

Die beiden Konstanten lassen sich durch Grenzfallbetrachtungen festlegen. Fordern wir nämlich, dass (3.75) für $r \longrightarrow \infty$ wegen des Verschwindens des Gravitationsfeldes die Form

$$(ds)^2 = c^2dt^2 - dr^2 - r^2(d\alpha^2 + \sin^2\alpha d\beta^2)$$

annimmt, so kann dies nur mit $C_1 = 1$ erreicht werden. Betrachten wir weiter den Newtonschen Grenzfall: $g_{00} = 1 - \frac{2G}{c^2} = 1 - \frac{2\gamma M}{c^2 r}$ (M: Gesamtmasse der Masseverteilung), so ergibt sich die zweite Konstante zu: $C_2 = -\frac{2\gamma M}{c^2}$. Diese Größe hat die Dimension einer Länge und wird als **Schwarzschildradius** r_s bezeichnet:

$$r_s = \frac{2\gamma M}{c^2} \tag{3.76}$$

Damit hat das Wegelement der Schwarzschildmetrik die endgültige Form:

$$(ds)^2 = (1 - \frac{r_s}{r})c^2dt^2 - (1 - \frac{r_s}{r})^{-1}dr^2 - r^2(d\alpha^2 + \sin^2\alpha d\beta^2) \tag{3.77}$$

Am Anfang dieses Abschnitts wurde angedeutet, dass der räumliche Abstand zwischen den Punkten $P_1(0, R_1, 0, 0)$ und $P_2(0, R_2, 0, 0)$ nicht mehr durch $\Delta R = R_2 - R_1$ wiedergegeben wird. Dies kann man jetzt mit (3.77) leicht einsehen. Betrachten wir hierzu den typischen Fall, dass $R_2 > R_1 >$

r_s ist.[23] Damit ergibt sich mittels (3.77) der räumlicher Abstand Δl zwischen P_1 und P_2 zu:

$$\Delta l = \int_{R_1}^{R_2} \frac{dr}{\sqrt{1 - \frac{r_s}{r}}} > R_2 - R_1 \tag{3.78}$$

Hierbei wurden t, α sowie β als konstant angenommen, sodass $dt = 0$, $d\alpha = 0$ und $d\beta = 0$ gilt. Unter diesen Bedingungen reduziert sich der vierdimensionale physikalische Raum auf einen eindimensionalen Raum, dessen Metrik man sich für den Fall $r \gg r_s$ veranschaulichen kann. Hierzu schreiben wir nochmals das Wegelement an

$$|ds^2| = (1 - \frac{r_s}{r})^{-1} dr^2 \overset{r \gg r_s}{\cong} (1 + \frac{r_s}{r}) dr^2, \tag{3.79}$$

und betrachtet nun eine Funktion $f(r)$, deren Graph K_f dabei gerade die metrischen Eigenschaften des auf eine Dimension reduzierten physikalischen Raumes (t = konst., r, α = konst., β = konst.) annehmen soll. Der Abstand ds zweier infinitesimal benachbarter Punkte $P_1(r_0, f(r_0))$ und $P_2(r_0 + dr, f(r_0 + dr))$ des Graphen K_f ergibt sich zu:

$$ds^2 = (dr^2 + df^2(r_0)) = (dr^2 + f'^2(r_0) dr^2) = dr^2(1 + f'^2(r_0)).$$

Vergleicht man dies mit (3.79), so ergibt sich: $f'(r_0) = \sqrt{\frac{r_s}{r_0}}$. Damit wird $f(r)$ bis auf eine unwesentliche Konstante zu: $f(r) = 2\sqrt{r_s}\frac{1}{\sqrt{r}}$
Also stellt der Graph von $f(r)$ die räumlichen Abstandsverhältnisse des gekrümmten eindimensionalen Raumes für $r \gg r_s$ dar. Der Graph K_f ist in der Abbildung 3.6 dargestellt. Sitzt nun ein Beobachter A an der Stelle R_1 und ein Beobachter B an der Stelle $R_2 > R_1$. Will A zu B gelangen, so muss er sich entlang des Graphen $f(r)$ bewegen. Man erkennt aus der Abbildung 3.6, dass mit anwachsendem r_s (was gleichbedeutend ist mit einer wachsenden Krümmung) auch der für A zurückzulegende Weg anwächst.

Man erkennt, dass das Wegelement (3.77) an der Stelle $r = r_s$ eine Singularität hat. Dies ist allerdings eine Singularität, die durch die Koordinatenwahl hervorgerufen wird. Sie stellt keine Singularität des physikalischen vierdimensionalen Raumes dar. Führt man nämlich eine Koordinatentransformation durch, indem man einen neuen 'Radius' ρ einführt, der mit r wie folgt zusammenhängt:

$$r = r(\rho) = \rho(1 + \frac{r_s}{4\rho})^2, \tag{3.80}$$

[23] Der Schwarzschildradius der Sonne beträgt z. B. nur etwa 3 km.

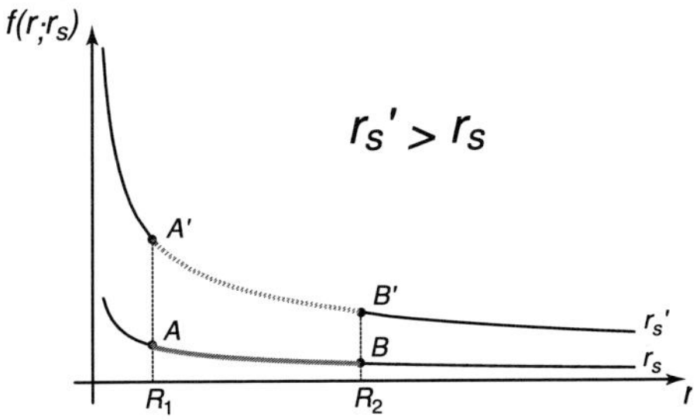

Abbildung 3.6: Raumkrümmung: Graph der Funktion $f(r;r_s)$ für unterschiedliche r_s.

so taucht im Wegelement $ds = ds(\rho)$ keine Singularität mehr auf:

$$(ds)^2 = (\frac{1-\frac{r_s}{4\rho}}{1+\frac{r_s}{4\rho}})^2 c^2 dt^2 - (1+\frac{r_s}{4\rho})^4 (d\rho^2 + \rho^2(d\alpha^2 + \sin^2\alpha d\beta^2)) \qquad (3.81)$$

Man nennt diese Metrik auch **isotrope Metrik**. An (3.78) erkennt man sofort, dass $r \approx \rho$ für große ρ gilt.[24] Daher geht die isotrope Metrik (3.80) approximativ in die Schwarzschildmetrik über.
Natürlich stellt der zu $ds(\rho)$ gehörige metrische Tensor $g_{ij}(\rho)$ wieder eine Lösung der Feldgleichungen (3.63) dar. Praktisch wird aber die Einschränkung $r > r_s$ in (3.77) keine großes Problem darstellen, da in fast allen Fällen die Ausdehnung der kugelsymmetrischen Massenverteilung sehr viel größer ist, als der Schwarzschildradius r_s (z.B. liegt der Schwarzschildradius der Erde im Bereich von einigen Millimetern). Außerdem sind die gefundenen Lösungen der Feldgleichungen nur für den Außenraum (Vakuum) der Massenverteilung gültig.
Abschließend noch zwei Bemerkungen: Wir hatten als Ausgangspunkt eine kugelsymmetrische statische Massenverteilung vorausgesetzt. Hätten wir eine Bewegung der Massenverteilung zugelassen, die nicht die Kugelsymmetrie stört (z.B. pulsieren der Massen), so wären wir zum gleichen Ergebnis gelangt. Dies bedeutet, dass das kugelsymmetrische Gravitationsfeld im Außenraum von selbst statisch ist.
Hat man eine beliebige (räumlich begrenzte) Massenverteilung, so kann diese in großer Entfernung als kugelsymmetrisch angesehen werden. Daher gilt (3.77) auch als Näherung für nicht kugelsymmetrische Massenverteilungen für den Fall, dass der Abstand zu Massenverteilung sehr viel größer

[24]... und amit auch für große r.

ist als die Ausdehnung der Massenverteilung selbst.

3.22 Gravitationsfeld in einer Hohlkugel

In (3.74) haben wir den metrischen Tensor einer kugelsymmetrischen Massenverteilung im Vakuum ($T_{ij} = 0$) bestimmt. Diese Lösung muss dann auch für den Innenraum einer Hohlkugel gültig sein. Die Konstanten C_1 und C_2 ergeben sich nun wie folgt: Nach der Newtonschen Theorie verschwindet das Feld im Innern einer Hohlkugel. Daher wird das Wegelement im klassischen Grenzfall unter Verwendung von Kugelkoordinaten die Form

$$(ds)^2 = c^2dt^2 - dr^2 - r^2(d\alpha^2 + \sin^2\alpha d\beta^2)$$

annehmen. Diese Form kann aber nur für $C_1 = 1, C_2 = 0$ erreicht werden. Dies ist dann die einzige Lösung, die auch den klassischen Grenzfall mit einschließt. Somit gilt (3.81) allgemein für den Innenraum einer Hohlkugel. Der Innenraum einer Hohlkugel ist daher ungekrümmt. Dieses Resultat hat für die Kosmologie folgende Bedeutung: Unter dem **Kosmologischen Prinzip** versteht man die folgende stark vereinfachende Annahme, dass jeder Ort und jede Richtung im Weltall gleichwertig sind. Damit ist die Massenverteilung (bis auf lokale Abweichungen, die in der Kosmologie nicht berücksichtigt werden) von jedem Standpunkt aus kugelsymmetrisch. Jeder Beobachter befindet sich daher im Zentrum des Universums und nahezu die gesamte Masse des Universums wird keinen Einfluss auf den Beobachter haben, da nach dem obigen das Gravitationsfeld innerhalb einer kugelsymmetrischen Massenverteilung verschwindet.

3.23 Gravitationsrotverschiebung

Man versteht unter der Gravitationsrotverschiebung den Effekt, dass Licht, welches sich aus einem Gravitationsfeld hinausbewegt, in den langwelligen niederenergetischen Bereich verschoben wird. Die Umkehrung, dass Licht kurzwelliger wird, wenn es sich in ein anwachsendes Gravitationsfeld hineinbewegt, ist natürlich ebenso unter dem Begriff Gravitationsrotverschiebung zusammengefasst.
Unter Benutzung der Schwarzschildmetrik machen wir zur Klärung dieses Effekts folgendes Gedankenexperiment: Ein Mensch M1 sitzt fest an der räumlichen Stelle $(r_0, 0, 0)$ des dreidimensionalen Raumes samt einer Taschenlampe, die er zur Koordinatenzeit t_0 anschaltet und nachdem N-Wellenzüge (z.B. N=1000) die Taschenlampe verlassen haben wieder aus-

schaltet wird.[25] Das Ausschalten geschehe zur Koordinatenzeit t_1. Die zwei Ereignisse (E1: einschalten und E2: ausschalten) haben also die Koordinaten:

$$E1 : (t_0, r_0, 0, 0) \qquad E2 : (t_1, r_0, 0, 0)$$

Für M1 ist die reale Zeitdifferenz $\Delta\tau = \sqrt{(1-\frac{r_s}{r_0})}(t_1 - t_0)$. Somit wird er als Frequenz des Lichtes der Taschenlampe den Wert

$$\nu = \frac{N}{\Delta\tau} = \frac{N}{\sqrt{(1-\frac{r_s}{r_0})}(t_1 - t_0)} = \frac{N}{\sqrt{g_{00}(r_0)}(t_1 - t_0)}$$

erhalten. Nun wurde die Taschenlampe von M1 gerade so gehalten, dass das Licht radial vom Zentrum der kugelsymmetrischen Masseverteilung wegfliegt. Daher hat sich der Anfang des Lichtstrahls bis zum Zeitpunkt t_1 von M1 radial wegbewegt und den Raumzeitpunkt $(t_1, r_1, 0, 0)$ erreicht. Das Ende des Lichtstrahls trifft dann im Raumpunkt $(r_1, 0, 0)$ zur Zeit $t_1 + (t_1 - t_0)$ ein. Sitzt in diesem Raumpunkt nun ein zweiter Mensch M2, wird dieser den Ereignissen E1′: 'eintreffen des Lichtstrahls' und E2′: 'auslaufen des Lichtstrahls' folgende Koordinaten zuordnen:

$$E1' : (t_1, r_1, 0, 0) \qquad E2' : (t_1 + (t_1 - t_0), r_1, 0, 0).$$

Nun wird M2 aber auch N Wellenzüge zählen. Allerdings ist für ihn der reale zeitliche Abstand der Ereignisse E1' und E2' gerade:

$$\Delta\tau' = \sqrt{(1-\frac{r_s}{r_1})}(t_1 - t_0)$$

Somit erhält M2 für die Frequenz des Lichtes den folgenden Wert:

$$\nu' = \frac{N}{\Delta\tau'} = \frac{N}{\sqrt{(1-\frac{r_s}{r_1})}(t_1 - t_0)} = \frac{N}{\sqrt{g_{00}(r_1)}(t_1 - t_0)}$$

Damit hängen die Frequenzen ν' und ν wie folgt zusammen:

$$\frac{\nu}{\nu'} = \sqrt{\frac{g_{00}(r_1)}{g_{00}(r_0)}}$$

In unserem speziellen Beispiel ist $r_1 > r_0$ und daher $\nu > \nu'$.

[25] Dabei soll $r_0 > r_s = \frac{2\gamma m_0}{c^2}$ sein.

3.24 Bestimmung räumlicher Abstände

In diesem Abschnitt wollen wir folgendes Problem untersuchen: Ein Physiker (Ph) stehe auf der Erde und habe die räumlichen Koordinaten $(r_{\mathrm{Ph}}, \alpha, \beta)$ (Kugelkoordinaten). Senkrecht über ihm befinde sich nun ein geostationärer Satellit (Sat), dessen Koordinaten $(r_{\mathrm{Sat}}, \alpha, \beta)$ seien. Nun stellt sich die Frage, wie der Physiker den realen räumlichen Abstand Δl zwischen sich und dem Satelliten bestimmen kann, wenn er nur den Wert seiner Koordinate r_{Ph} kennt. Damit eine solche Bestimmung von Δl überhaupt möglich ist, muss die Metrik zeitunabhängig sein. Dies ist bei der Verwendung der Schwarzschildmetrik zur Lösung dieses Problems der Fall.
Der Physiker wird also ein Lichtimpuls zum Satelliten schicken, der dann durch den Satelliten wieder zur Erde reflektiert wird. Dabei wird der Physiker die Zeit $\Delta\tau$ messen, die das Lichtsignal für diese Reise benötigt. Das Wegelement ds des Lichtsignals nimmt nun folgende Form an (beachte: $d\alpha = d\beta = 0$):

$$(ds)^2 = (1 - \frac{r_s}{r})c^2 dt^2 - (1 - \frac{r_s}{r})^{-1} dr^2 = 0$$

Dies ergibt:

$$dt = \frac{1}{c}(1 - \frac{r_s}{r})^{-1} dr$$

Integration liefet:

$$\Delta t = \frac{1}{c} \int_{r_{\mathrm{Ph}}}^{r_{\mathrm{Sat}}} (1 - \frac{r_s}{r})^{-1} dr$$

Dabei ist Δt die Koordinatenzeit, die der Lichtimpuls von der Erde zum Satelliten braucht. Für die 'Rückreise' des Signals zur Erde wird dann nochmal die gleiche Koordinatenzeit vergehen. Also vergeht insgesamt die Koordinatenzeit $2\Delta t$. Diese hängt aber nun mit der vom Physiker gemessenen (realen) Zeit $\Delta\tau$ wie folgt zusammen:[26]

$$\Delta\tau = 2\Delta t \sqrt{(1 - \frac{r_s}{r_{\mathrm{Ph}}})}$$

Über die Messung von $\Delta\tau$ erhält man also die Koordinatenzeitdifferenz Δt. Aus $\Delta t = \int_{r_{\mathrm{Ph}}}^{r_{\mathrm{Sat}}} (1 - \frac{r_s}{r})^{-1} dr$ ergibt sich dann die Koordinate r_{Sat}. Damit ergibt sich der räumliche Abstand zwischen dem Physiker und dem Satelliten zu:

$$\Delta l = \int_{r_{\mathrm{Ph}}}^{r_{\mathrm{Sat}}} \frac{dr}{\sqrt{1 - r_s/r}}.$$

[26] Er bestimmt dazu einfach den Abstand $\Delta s = c\Delta\tau$ für die beiden Ereignisse E1: $(t, r_{\mathrm{Ph}}, \alpha, \beta)$ und E2: $(t + \Delta t, r_{\mathrm{Ph}}, \alpha, \beta)$.

Man beachte aber, dass im Falle der Erde $\frac{r_s}{r_{\mathrm{Ph}}}$ sehr klein ist und daher praktisch $\Delta l = r_{\mathrm{Sat}} - r_{\mathrm{Ph}}$ gilt.[27]

3.25 Bewegung im Zentralfeld - Lichtablenkung

Die Bewegung eines Teilchens der Masse m_0 im Gravitationsfeld wird durch die Geodätengleichung

$$\frac{d^2x^i}{d\kappa^2} = \Gamma^i_{jk}\frac{dx^j}{d\kappa}\frac{d^k}{d\kappa} \tag{3.82}$$

beschrieben. Dabei ist κ ein Parameter, der für $m_0 \neq 0$ mit $\tau = \frac{s}{c}$ übereinstimmt. Ist die Ruhemasse des Teilchens null (Photonen), so ist κ ein die Bahn parametrisierender Parameter. Außer der Bewegungsgleichung (3.82), muss die Bahn des Körpes noch die Gleichung

$$g_{ij}\frac{dx^i}{d\kappa}\frac{dx^j}{d\kappa} = \lambda \tag{3.83}$$

erfüllen. Dabei hat λ den Wert c^2 für $m_0 \neq 0$ und null für $m_0 = 0$. Diese Bedingung wird bei der Lösung von (3.82) benötigt, um eine Integrationskonstante festzulegen.
Dabei zeigt es sich, dass die Lösung von (3.82) recht aufwendig ist. Einfacher gelangt man mit dem Lagrangeformalismus zum Ziel, d.h. einer Bestimmung von $r = r(\beta)$. Wie in der klassischen Mechanik fordert man dabei noch, dass die Bewegung des Körpers in der Ebene $\alpha = \frac{\pi}{2}$ abläuft.[28] Damit wird, unter der Verwendung der Schwarzschildmetrik, die Lagrangefunktion L zu:

$$L = L(r,\beta,t,\dot{r},\dot{\beta},\dot{t}) = \frac{(ds)^2}{(d\kappa)^2} = (1-\frac{r_s}{r})c^2(\dot{t})^2 - (1-\frac{r_s}{r})^{-1}(\dot{r})^2 - r^2(\dot{\beta})^2$$

Hier bedeuten Punkte (totale) Ableitungen nach κ. Die Bedeutung des Parameters κ wurde oben schon erläutert. Wendet man für die Koordinaten β und t die Lagrangegleichungen an, so erhält man:

$$r^2\frac{d\beta}{d\kappa} = \text{konst.} =: C_1 \qquad (1-\frac{r_s}{r})c\frac{dt}{d\kappa} = \text{konst.} =: C_2 \tag{3.84}$$

[27]Der Schwarzschildradius der Erde beträgt nur etwa 1 cm.

[28]Diese Forderung stellt keine Einschränkung an die Lösung dar. Würde man nämlich erstmal diese Forderung nicht stellen, so erhielt man aus den Lagrangegleichungen die Bewegungsgleichung: $2\sin\alpha\cos\alpha = 4r\dot{r}\dot{\alpha} + 2r^2\ddot{\alpha}$. Nun kann man ein Koordinatensystem so einführen, dass zu einem bestimmte Zeitpunkt $\alpha = \frac{\pi}{2}$ und $\dot{\alpha} = 0$ gilt. Damit wird aber, wegen der Bewegungsgleichung, auch $\ddot{\alpha} = 0$, sodass $\alpha = \frac{\pi}{2}$ für alle Zeiten gilt.

Anstatt die Lagrangegleichungen auch auf r anzuwenden, ist es einfacher, die Beziehung (3.83) zu benutzen:

$$(1-\frac{r_s}{r})c^2(\frac{dt}{d\kappa})^2-(1-\frac{r_s}{r})^{-1}(\frac{dr}{d\kappa})^2-r^2(\frac{d\beta}{d\kappa})^2=\lambda \tag{3.85}$$

Setzt man nun (3.84) in (3.85) ein, ersetzt weiterhin r durch $\frac{1}{u}$ $(u := r^{-1})$ und beachtet, dass mit $du = \frac{1}{r^2}dr$

$$\frac{dr}{d\kappa} \overset{(3.84)}{=} C_1\frac{dr}{r^2 d\beta} = -C_1\frac{du}{d\beta}$$

gilt, so ergibt sich (3.85) zu:

$$-C_1^2u'^2 - C_1^2u^2(1-r_su) + C_2^2 = \lambda(1-r_su)$$

Hierin bedeuten die Striche (totale) Ableitungen nach β. Leitet man dies nochmal nach β ab, erhält man die kompakte Differentialgleichung

$$u'' + u - 3\frac{3r_su^2}{2} = -\frac{\lambda r_s}{2C_1^2}$$

Dies ist die Bewegungsgleichung, deren Lösung $u = u(\beta)$ und damit $r = r(\beta)$ ergibt.
Betrachtet man speziell die Lichtausbreitung im kugelsymmetrischen Feld, so hat man $\lambda = 0$ zu setzen. Somit ergibt sich für Photonen die Bewegungsgleichung:

$$u'' + u = 3\frac{3r_su^2}{2} \tag{3.86}$$

Hätte man auf der linken Seite anstatt u'' nur u' stehen, so würde (3.86) ein Spezialfall der **Bernoullischen Differentialgleichung** darstellen. Leider ist dies nicht der Fall. Man kann allerdings eine Näherungslösung $u_{\text{näh}}$ für (3.86) angeben. Setzt man nämlich auf der rechten Seite für u die Lösung u_0 ein, die man aus (3.86) erhält, wenn man die felderzeugende Masse m_0 gleich null setzt ($\Leftrightarrow r_s = 0$), so erhält man:

$$u''_{\text{näh}} + u_{\text{näh}} = \frac{3r_s}{2}\underbrace{\sin^2(\beta)/D}_{=u_0(\beta)} \qquad (\beta \in [-\pi,\pi]) \tag{3.87}$$

Die spezielle Lösung u_0 stellt eine Gerade dar, deren minimaler Abstand zum Ursprung des Koordinatensystems durch den sogenannten Stoßparameter D angegeben wird.
Man erhält als Lösung von (3.87):

$$u_{\text{näh}}(\beta) = \frac{1}{r(\beta)} = \pm\frac{\sin\beta}{D} + \frac{r_s}{2}\frac{(1+\cos\beta)^2}{D^2} \tag{3.88}$$

Das $\pm$-Zeichen soll dabei sicherstellen, dass die linke Seite nicht negativ wird.
Befindet sich der Lichtstrahl im Unendlichen, so verschwindet die linke Seite in (3.88). (3.88) wird in diesem Fall durch $\beta = \pi =: \beta_1$ gelöst. Nun nähert sich der Lichtstrahl dem Zentrum der kugelsymmetrischen Massenverteilung bis auf einen Abstand $d \approx D$, um dann wieder im Unendlichen zu verschwinden.[29] Der hierzu gehörige Winkel β_2 wird bei einer kleinen Ablenkung, und nur hierfür ist die Näherungsformel (3.88) gültig, nahe dem Wert null sein.[30] Also wird man in erster Näherung $\sin\beta_2 = \beta_2$ und $\cos\beta_2 = 1$ setzen dürfen. Damit wird (3.88) zu

$$0 = \frac{\beta_2}{D} + \frac{4r_s}{2D^2}$$

und man erhält $\beta_2 = -\frac{2r_s}{D}$ und somit die gesamte, durch das Gravitationsfeld verursachte Ablenkung des Lichtstrahls von:

$$\Delta\beta = (\beta_1 - \beta_2) - \pi = \frac{2r_s}{D}$$

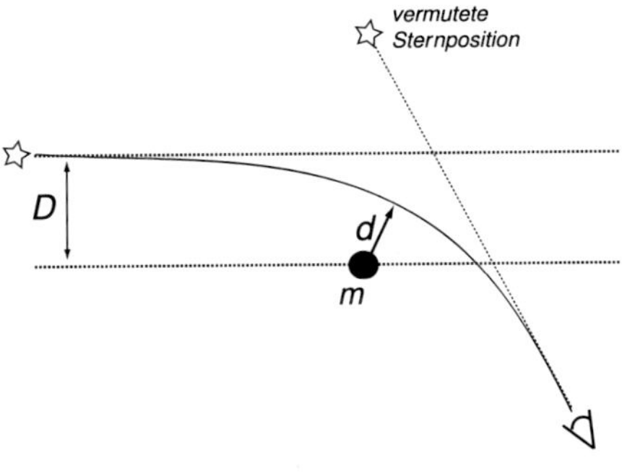

Abbildung 3.7: Das Licht eines Sterns wird durch die Masse abgelenkt. Ein Beobachter würde den Stern an einer anderen Stelle vermuten, als er tatsächlich ist.

3.26 Die linearisierten Feldgleichungen

Befindet man sich in Raumbereichen mit schwacher Gravitation, so wird der physikalische Raum nahezu flach sein. Dies bedeutet, dass die Diffe-

[29]Der Abstand d ergibt sich dabei exakt aus der Forderung: $\frac{dr}{d\beta} \overset{!}{=} 0 \Leftrightarrow \frac{du_{näh.}}{d\beta} = 0$.
[30]Eegen der Ablenkung wird allerdings $\beta_2 < 0$ gelten.

renz zwischen dem metrischen Tensor g_{ij} und dem metrischen Tensor des Minkowskiraumes η_{ij} klein ist. Daher ist die Größe

$$h_{ij} := g_{ij} - \eta_{ij},$$

die die Abweichung des Raums vom Minkowskiraum charakterisiert, klein. Entsprechend lassen sich die Feldgleichungen vereinfachen, indem man nur Entwicklungsterme erster Ordnung ($O(1)$) von h_{ij} berücksichtigt. Weiterhin wird die Größenordnung der Terme $h_{ij,k}$ und $h_{ij,kl}$ mit h_{ij} gleichgesetzt. Deshalb werden beispielsweise Terme wie $h_{ij}h_{ik,l}$ im Weiteren vernachlässigt, weil sie von der Größenordnung $(h_{ij})^2$ sind.
Der Krümmungstensor reduziert sich damit auf die Form:

$$R_{ijkl} = \frac{1}{2}(h_{il,j,k} + h_{jk,i,l} - h_{ik,j,l} - h_{jl,i,k})$$

Weiterhin wird der Ricci-Tensor zu:

$$R_{il} = \eta^{jk} R_{ijkl}$$

Verwendet man

$$(g^{ij}h_{ij})_{,k,l} = (h^j_j)_{,k,l} \overset{(O(1))}{=} (\eta^{ij}h_{ij})_{,k,l} = \eta^{ij}h_{ij,k,l}$$

so werden die Feldgleichungen zu:

$$\Box h_{il} + (h^k_{k,i,l} - h^j_{i,j,l} - h^k_{l,i,k}) = \frac{16\pi\gamma}{c^4}(T_{il} - \eta_{il}\frac{T}{2}) \qquad (3.89)$$

Man beachte hierin: Wegen des schwachen Gravitationsfeldes ist $\frac{16\pi\gamma}{c^4}T_{il}$ klein und zwar von der Größenordnung von h_{il}. Dies gilt dann auch für T ($T = g^{ij}T_{ij}$). Daher gilt $g_{il}T = \eta_{il}T$ näherungsweise in erster Ordnung von h_{il}.
Man kann nun (3.89) weiter vereinfachen. Dazu benutzen wir die Freiheit der Wahl der Koordinaten, die die Feldgleichungen zulassen.[31] Allerdings muss darauf geachtet werden, dass der metrische Tensor g'_{ij}, der zu den neuen Koordinaten gehört, ebenfalls nahe bei η liegt. Deshalb lässt man nur kleine Transformationen zu:

$$x'^i = x^i + \epsilon^i(x) \qquad \epsilon \text{ klein und von der Größenordnung } h_{ij}$$

Damit wird:

$$g'_{ij} = (n_{ij} + h'_{ij}) = x'^{,k}_i x'^{l}_j (n_{kl} + h_{kl}) = (\delta^k_i + \epsilon^{,k}_i)(\delta^l_j + \epsilon^{,l}_j)(n_{kl} + h_{kl}) =$$

[31] Es wurde schon erwähnt, dass von den 10 Feldgleichungen nur 6 als unabhängig anzusehen sind. Somit hat man noch 4 Freiheitsgrade in der Bestimmung der 10 Komponenten von g_{ij}. Diese Freiheitsgrade sind gerade die Koordinatentransformationen.

$$= \eta_{ij} + \delta_i^k \epsilon_{,j}^{,l} \eta_{kl} + \epsilon_{,i}^{,k} \delta_j^{,l} \eta_{kl} + \delta_i^k \delta_j^l h_{kl} + O(h^2)$$

Damit wird h'_{ij} in erster Ordung von h_{ij}:

$$h'_{ij} = h_{ij} + \epsilon_{,j}^{,l} \eta_{il} + \epsilon_{,i}^{,k} \eta_{kj} = h_{ij} + \partial^l \epsilon_j \eta_{il} + \partial^k \epsilon_i \eta_{jk} \qquad (3.90)$$

Da es sich noch immer um 'Fast-Minkowskikoordinaten' handelt, gilt in erster Näherung:

$$\eta_{il} \partial^l = \partial_i$$

Damit wird (3.90) zu:

$$h'_{ij} = h_{ij} + \epsilon_{i,j} + \epsilon_{j,i} \qquad (3.91)$$

Man nennt diese Transformationen analog zur Elektrodynamik auch Eichtransformationen. Sie lassen die linke Seite in (3.89) unverändert, also:

$$\Box h'_{il} + h'^k_{k,i,l} - h'^j_{i,j,l} - h'^k_{l,i,k} = \Box h_{il} + h^k_{k,i,l} - h^j_{i,j,l} - h^k_{l,i,k}$$

Dies sieht man durch direktes Einsetzen von (3.91) in (3.89) ein. Dabei wird auf der linken Seite nach den gestrichelten Koordinaten abgeleitet, während auf der rechten Seite nach den Ungestrichelten abgeleitet wird. Dies ist aber ohne Belang, da $\frac{\partial}{\partial x'^i} = \frac{\partial}{\partial x^l} \frac{\partial x^l}{\partial x'^i} = (\delta_i^l + \epsilon_{,i}^l) \frac{\partial}{\partial x^l}$ gilt. Jeder ϵ-Term taucht dann aber mit samt einem h'-Term auf und solche Terme werden in unserer Näherung vernachlässigt.
Durch die Eichtransformationen kann nun folgende Bedingung erfüllt werden:

$$\frac{1}{2} h^k_{k,i} = h^j_{i,j} \qquad (3.92)$$

Da partielle Ableitungen vertauschbar sind, erhält man hiermit:

$$(h^k_{k,i,l} - h^j_{i,j,l} - h^k_{l,i,k}) = (\frac{1}{2} h^k_{k,i,l} - h^j_{i,j,l}) + (\frac{1}{2} h^k_{k,l,i} - h^k_{l,k,i}) =$$

$$= (\frac{1}{2} h^k_{k,i} - h^j_{i,j})_{,l} + (\frac{1}{2} h^k_{k,l} - h^k_{l,k})_{,i} = 0$$

Also reduziert sich (3.89) mit Hilfe der Eichtransformationen (3.91) auf die wohlbekannte Form einer Wellengleichung

$$\Box h_{il} = \frac{16\pi\gamma}{c^4} (T_{il} - \eta_{il} \frac{T}{2}). \qquad (3.93)$$

(3.93) ist ein System von linearen Differentialgleichungen und daher werden diese als linearisierte Feldgleichungen bezeichnet.

3.27 Lösungen der linearisierten Feldgleichungen

Offenbar hat (3.93) die gleiche Struktur wie die Feldgleichungen (2.55) der Elektrodynamik. Dies überträgt sich auch auf die Lösungen der linearisierten Feldgleichungen (3.93). Man unterscheidet dabei zwei Fälle:

1. $T_{ij} \neq 0$

2. $T_{ij} = 0$

Für den ersten Fall erhält man die allgemeine (retadierte) Lösung:

$$h_{ij}(x,t) = -\frac{4\gamma}{c^4} \int \frac{T_{ij}(x', t - \frac{|x-x'|}{c}) - \eta_{ij} \frac{T(x, t - \frac{|x-x'|}{c})}{2}}{|x - x'|} d^3x'$$

Im zweiten Fall ($T_{ij} = 0$) wird (3.93) zu:

$$\Box h_{ij} = 0 \qquad \Leftrightarrow \qquad \frac{\partial^2 h_{ij}}{\partial t^2} = \frac{1}{c^2}(\frac{\partial^2 h_{ij}}{\partial x^2} + \frac{\partial^2 h_{ij}}{\partial y^2} + \frac{\partial^2 h_{ij}}{\partial z^2}) \tag{3.94}$$

Offenbar sind die Wellen

$$h_{ij} = H_{ij} e^{-ik_l x^l} + c.c. \qquad \text{(c.c.: komplex konjugiert)} \tag{3.95}$$

Lösungen von (3.94). Sie werden als **Gravitationswellen** bezeichnet. Dabei ist H_{ij} der Polarisationstensor, der insbesondere symmetrisch ist. Setzt man (3.95) in (3.94) ein, so erhält man weiterhin die bekannte Bedingung: $\eta^{ij} k_i k_j = k_i k^i = 0$. Hierin ist $k_0^2 = \frac{\omega^2}{c^2}$. Beschränkt man sich auf eine Ausbreitung der Welle in x-Richtung, so folgt dies aus

$$k_i x^i = \frac{2\pi}{\lambda}(x^0 - x^1) = \underbrace{\frac{\omega}{c}}_{=k_0} (ct - x^1)$$

Insbesondere breiten sich Gravitationswellen mit der Lichtgeschwindigkeit c aus.

Kommen wir nochmal auf den Polarisationstensor H_{ij} zurück. Seine ursprünglich 16 Komponenten reduzieren sich auf 10 unabhängige Komponenten wegen der Symmetrie $H_{ij} = H_{ji}$. Die 4 Eichbedingungen (3.92) werden zu

$$k_i \eta^{ik} H_{kj} = \frac{1}{2} k_j \eta^{ik} H_{ki}$$

Hierdurch werden die 10 unabhängigen Komponenten in H_{ij} abermals um 4 Komponenten reduziert, sodass nur noch 6 Komponenten als unabhängig anzusehen sind. Nun hat man noch 4 weitere, bisher nicht berücksichtigte Eichtransformationen:

$$h'_{ij} = h_{ij} + \epsilon_{i,j} + \epsilon_{j,i} \tag{3.96}$$

Setzt man nämlich

$$\epsilon^i(x) = E^i e^{-ik_j x^j} + c.c., \tag{3.97}$$

so gilt $\Box\epsilon^i(x) = 0$, und daher sind die Eichbedingungen

$$\frac{1}{2}h'^k_{k,i} = h'^j_{i,j}$$

automatisch erfüllt, wenn dies für h_{ij} der Fall war. Daher hat man in den Feldgleichungen (3.94) nochmals 4 Freiheitsgrade, die so ausgenutzt werden können, dass sich von den 6 unabhängigen Komponenten aus H_{ij} schließlich nur noch zwei als völlig unabhängig herausstellen. Es gilt nämlich wegen (3.96), (3.97) und (3.95) der Zusammenhang:

$$H'_{ij} = H_{ij} + i \cdot k_i E_j + i \cdot k_j E_i \qquad (i^2 = -1)$$

Führt man dies für den speziellen Fall einer Gravitationswelle mit $(k_i) = (\frac{\omega}{c}, 0, 0, -\frac{\omega}{c})$ durch, so ergibt sich, bei gleicher Vorgehensweise wie oben, der Polarisationstensor H_{ij} zu:

$$H_{ij} = \begin{pmatrix} 0 & 0 & 0 & 0 \\ 0 & H_{11} & H_{12} & 0 \\ 0 & H_{12} & -H_{11} & 0 \\ 0 & 0 & 0 & 0 \end{pmatrix}$$

3.28 Ein Vergleich: Elektrodynamik - Gravitation

In diesem abschließenden Abschnitt wird kurz auf Ähnlichkeiten der beiden Theorien - Elektrodynamik und Allgemeine Relativitätstheorie - hingewiesen. Beiden Theorien liegt im klassischen Grenzfall ($c \to \infty$) die Poissongleichung

$$\Delta\Psi = \rho \tag{3.98}$$

zugrunde. Die Unterschiede, die in der relativistischen Verallgemeinerung von (3.98) zwischen der Elektrodynamik und der Gravitationstheorie auftauchen, haben eine konkrete Ursache, nämlich die Äquivalenz von Masse und Energie. Ist die Quelle des elektromagnetischen Feldes der Ladungsstrom j^i, so ist die Quelle des Gravitationsfeldes die Masse bzw. der Energie-Impuls-Tensor T^{ij}. Nun trägt das elektromagnetische Feld selbst keine Ladung und ist daher auch nicht Quelle neuer Felder. Anders beim

Gravitationsfeld. Hier ist das Feld Träger von Energie und damit selbst Quelle neuer Gravitationsfelder. Daher sind die Einsteinschen Feldgleichungen nichtlineare Differentialgleichungen, wohingegen die Maxwellgleichungen ein System von linearen Differentialgleichungen darstellen.
Vernachlässigt man die Beiträge des Gravitationsfeldes, die vom Gravitationsfeld selbst herrühren, so gelangt man zu den oben hergeleiteten linearisierten Feldgleichungen. Diese haben die gleiche Struktur wie die Maxwellgleichungen, wenn man die Form (2.55) zugrunde legt. An die Stelle der Vektorfelder $A^i(x)$ treten einfach die Felder $g_{ij}(x)$ des metrischen Tensors.

3.29 Die Feldgleichungen und Kausalität

Zum Abschluss diese Einführung in die Relativitätstheorie wird noch der Frage nachgegangen, ob alle Lösungen der Einsteinschen Feldgleichungen mit dem Kausalitätsprinzip vereinbar sind. Der Mathematiker Kurt Gödel hat Mitte des letzten Jahrhunderts die Feldgleichungen für ein rotierendes Universum gelöst. Das frappierende an Gödels Berechnungen ist, dass diese – wenn auch nur unter einem gewaltigen Energieaufwand – Zeitreisen in die Vergangenheit zulassen. D.h., man kann zu einem Zeitpunkt t_1 am Ort $\mathbf{x}$ eine 'Rundreise' starten, die wieder am Ort $\mathbf{x}$ endet, aber zu einem früheren Zeitpunkt $t_2 < t_1$. Demnach schließen die Feldgleichungen nichtkausale Abläufe nicht grundsätzlich aus. Man kann sich denken, dass viele Natur- und Geisteswissenschaftler das sogenannte Gödeluniversum zum Anlass genommen haben (und auch heute noch nehmen), um über das Wesen der Zeit zu spekulieren.

3.30 Übungsaufgaben zur Allgemeinen Relativitätstheorie

Aufgabe 1) Die Koordinaten x und y seien kartesische Koordinaten. Der metrischer Tensor g_{ij} ist dann eine Einheitsmatrix. Bestimmen Sie den metrischen Tensor für die Polarkoordinaten r und α, wobei gilt: $x = r\cos\alpha$, $y = r\sin\alpha$.

Aufgabe 2) Die zweidimensionale Raumzeit sei gegeben durch $ds^2 = \frac{1}{1+r^2}(dr^2 + r^2 d\alpha^2)$. Geben Sie den metrischen Tensor an und bestimmen Sie den Ricci Tensor.

Aufgabe 3) Betrachten Sie ein frei fallendes Labor im Schwerefeld der Erde. Ein Lichtstrahl werde von einer Seite des Labors in eine Richtung senkrecht zur Richtung des (lokalen) Schwerefeldes geschickt.
a) Begründen Sie mit Hilfe des Äquivalenzprinzips, dass sich das Licht im Labor geradlinig mit Geschwindigkeit c ausbreitet.
b) Auf welcher Bahn verläuft das Licht von außen gesehen? Um welche Länge 'fällt' ein horizontal ausgeschickter Strahl bei lokal konstanter und paralleler Erdbeschleunigung g, wenn das Labor 3 km breit ist?

Aufgabe 4) In einem gekrümmten Raum befindet sich zum Zeitpunkt $t = 0$ ein punktförmiges Teilchen am Ort x^i. Begründen Sie rein geometrisch, warum sich das Teilchen räumliche in Bewegung setzen kann, auch wenn es zum Zeitpunkt $t = 0$ noch keine (räumliche) Geschwindigkeit hat.

Aufgabe 5) Ein GPS-Satellit umkreist die Erde in 20.000 km Höhe (im Umlaufsinn der Erde). Berechnen Sie die Abweichung der Satellitenuhr von der Erduhr pro Tag (Uhr befinde sich am Äquator) – aufgeschlüsselt nach der Dillitation verursacht durch (i) die Bewegung bzw. (ii) durch die Gravitation. Gehen Sie davon aus, dass eine Abweichung von 10 ns eine Verschiebung der mittels GPS ermittelten Position um 3 m verursacht.

Wie groß wäre dann die Verschiebung pro Tag, wenn die relativistischen Effekte beim GPS nicht berücksichtigt werden würden?

Aufgabe 6) Betrachen Sie einen flachen Raum mit Zylinderkoordinten t, r, α, z. In diesen Koordinaten lautet das Linienelement $ds^2 = c^2dt^2 - dr^2 - r^2d\alpha^2 - dz^2$. Man betrachte nun ein (neues) um die z-Achse rotierendes Koordinatensystem KS′: $t' = t, r' = r, \alpha' = \alpha - \omega t, z' = z$.
a) Bestimmen Sie den metrischen Tensor in KS′.
b) Bestimmen Sie das Eigenzeitdifferential $d\tau$ für eine am Ort $(R, 0, 0)$ im KS′ ruhende Uhr.

Aufgabe 7) Können Sie die Beziehung $\Delta\tau = \Delta t\sqrt{1 - 2G/c^2}$ mittels $\Delta\tau = \Delta t\sqrt{1 - v^2/c^2}$ begründen? Hinweis: $G = \gamma M/r$ (Gravitationspotential).

Aufgabe 8) Sie haben in diesem Buch die Schwarzschild-Metrik kennengelernt. Informieren Sie sich über die Kerr-Metrik sowie die Reissner-Nordström-Metrik.

Aufgabe 9) Geben Sie die 'Ausdehnung' eines Schwarzen Loches an, dessen Masse (i) der Erdmasse (M=$6{\cdot}10^{24}$ kg), (ii) der Sonnenmasse (M=$2{\cdot}10^{30}$ kg) bzw. (iii) der Masse des sichtbaren Universums (M=10^{53} kg) gleicht.

Aufgabe 10) Berechnen Sie die 'kritische' Dichte in Abhängigkeit der Gesamtmasse M. Die bislang größten Schwarzen Löcher haben etwa 10 Milliarden Sonnenmassen. Berechnen Sie die mittlere Dichte eines solchen 'Megaloches'.

Anhang A

Lösungen und Hinweise

Kapitel 1

Aufgabe 1) a) $\partial_i x^i = 3$ b) $\eta_{ij}\eta^{ij} = 4$

Aufgabe 2) Bra- und Ketvektor.

Aufgabe 3) Mit dem Skalarprodukt $\bullet$ und der Beziehung $g_{ij} = b_i \bullet b_j$ ergibt sich:

$$g = \begin{pmatrix} 1 & 1 \\ 1 & 2 \end{pmatrix}$$

Aufgabe 4) $(x^\mu) = (1, -2, -3, -4)$

Aufgabe 5) Die Darstellungen sind identisch.

Kapitel 2

Aufgabe 1) $\partial_\mu \partial^\mu = \eta_{\mu\nu}\partial^\nu\partial^\mu$. Benutze dann die Beziehung (2.14).

Aufgabe 2)$1/\sqrt{1 - v^2/c^2} \approx 1 + \frac{1}{2}v^2/c^2$. Ab etwa $v > 205000$ km/s (Lösung numerisch bestimmt).

Aufgabe 3) $s' = vt'$ mit $t' = 1$Jahr und $s' = s\sqrt{1 - v^2/c^2}$, wobei $s = 8$ Lichtjahre. Gleichsetzen ergibt: $v \approx 297700$ km/s.

Aufgabe 4) Lösung über Minkowskidiagramm (vgl. Abbildung 2.3): $v/c = \tan\gamma = c(3s - 2s)/(900000 - 100000)\, km$. Also $v = 3c/8$.

Aufgabe 5) Numerische Lösung mittels der Beziehung (2.37) sowie $dt' =$

$dt\sqrt{1-\frac{v^2}{c^2}}$ (vgl. Abschnitt Raketendynamik). Ergebnisse: 99%: $t \approx 2437$ Tage und $t' \approx 919$ Tage; 99,9%: $t \approx 7758$ Tage und $t' \approx 1320$ Tage.

Aufgabe 6) a) Die Panzerlänge verkürzt sich wegen der Lorentzkontraktion ($\sqrt{1-0.99^2} \approx 0.14$).
b) Längenkontraktion der Lochbreite aus Sicht des Panzerfahrers.
c) Die Guten, also das friedliche Volk. Panzeranfang und Ende fallen eben nicht gleichzeitig nach unten — Panzer 'bohrt' sich gewissermaßen ins Loch.

Aufgabe 7) Ca. $2 \cdot 10^{17}$ J; $m \approx 2.2$ kg.

Kapitel 3

Aufgabe 1) Mit $x = x^1; y = x^2; x'^1 = r; x'^2 = \alpha$ und $g'_{kl} = g_{ij} \frac{dx^i}{dx'_k} \frac{dx^j}{dx'_l}$ ergibt sich:

$$g' = \begin{pmatrix} 1 & 0 \\ 0 & r^2 \end{pmatrix}$$

Aufgabe 2)

$$g' = \begin{pmatrix} 1/(1+r^2) & 0 \\ 0 & r^2/(1+r^2) \end{pmatrix}$$

Aufgabe 3)
a) Fahrstuhl stellt lokales IS dar, also gelten die Gesetze der SRT (insbesondere die geradlinige Ausbreitung von Licht).
b) Parabelbahn (freier Fall). $s = 1/2gt^2$ mit $t = 1/100000$ s.

Aufgabe 4) Beachte: Zeitlich gesehen ist das Teilchen immer in Bewegung. Dies bedeutet, dass es einen nichtverschwindenden Geschwindigkeitvektor gibt, dessen Parallelverschiebung in einem gekrümmten Raum räumliche Anteile hervorruft, sodass eine räumliche Bewegung des Teilchens entsteht.

Aufgabe 5)
(i) Geschwindigkeit des Satelliten: $v_s = 3900\,\mathrm{m/s}$. Geschwindigkeit am Äquator durch Erdrotation: $v_r = 1670\,\mathrm{m/s}$. (i) $\Delta t_1 = 2.4\mu\mathrm{s}$
(ii) mit $\Delta\tau = \Delta t\sqrt{1 - 2G/c^2}; G = \gamma M/r$ folgt: $\Delta t_2 = -45.7\mu\mathrm{s}$
$\Delta t = 43.3\mu\mathrm{s} = 43300\mathrm{ns}$. Dies entspricht einer Ortsungenauigkeit von ca. 13 km.

Aufgabe 6) Vergleiche die Ausführungen im Abschnitt 'Eigenzeit'.

Aufgabe 7) Mit $E_{\text{kin}} = 1/2mv^2$ und $E_{\text{pot}} = \gamma mM/r = mG$ folgt aus $E_{\text{kin}} = E_{\text{pot}}$ gerade $v^2 = 2G$. Einfach gesagt: Der Energiezustand eines Körpers wirkt sich auf dessen Eigenzeit aus.

Aufgabe 9) Mit dem Schwarzschildradius $r_s = 2\gamma M/c^2$ (Gravitationskonstante $\gamma = 6.7 \cdot 10^{-11}$) ergeben sich die Ergebnisse (Ausdehnung= $2r_s$): Erde: 1.8 cm; Sonne: 6 km; sichtbares Universum: 31.4 Milliarden Lichtjahre.

Aufgabe 10) $\rho_{\text{krit}} = \frac{M}{4/3\pi r_s^3} = \frac{3c^6}{32\pi\gamma^3 M^2}$. Mit wachsender Masse M nimmt die kritische Dichte also stark ab. Für das 'Megaloch' mit 10 Milliarden Sonnenmassen ergibt sich eine Dichte von $0.18\,\mathrm{kg/m^3}$ — eine erstaunlich geringe Dichte!

Anhang B

Experimentelle Nachweise

Dass sich die Natur mithilfe der Relativitätstheorie vorzüglich beschreiben lässt, wird täglich bestätigt durch das Funktionieren von Navigationsgeräten oder der Stromgewinnung durch die Kernspaltung. Daneben gab es immer wieder wegweisende Experimente, die konkrete Vorhersagen der Relativitätstheorie bestätigt haben. Nachfolgend findet der Leser eine Auflistung solcher Experimente sowie Experimente die vor 1905 durchgeführt wurden und somit für Einsteins Theorie wegweisend waren.

Fizeau-Experiment (1851)

Wie sich herausstellte, ein Nachweis des relativistischen Additionstheorems für Geschwindigkeiten.

Messung der Periheldrehung des Merkur durch Le Verrier (1859)

Die Periheldrehung konnte nicht durch die Newtonsche Mechanik erklärt werden, wohl aber (im Nachhinein) durch die ART.

Michelson-Morley-Experiment (1887)

Konstanz der Lichtgeschwindigkeit; Grundlage der SRT

Eötvös-Experiment (1889)

Nachweis des Äquivalenzprinzips: Schwere Masse und Träge Masse sind identisch.

Kaufmann-Bucherer-Neumann-Experimente (1901-1915)

Eine Folge von Experimenten, die als erster (aber recht ungenauer) Nachweis der relativistischen Massezunahme angesehen werden können.

Feinstrukturmessung der Wasserstofflinien durch Glitscher (1917)

Erster (genauer) Nachweis der relativistischen Massezunahme.

Messung der Lichtablenkung durch die Sonne durch Eddington und Dyson (1919)

Das Experiment wurde während einer Sonnenfinsternis durchgeführt, und in den Folgejahrzehnten mehrmals wiederholt - immer mit dem durch die ART vorhergesagtem Ergebnis. Die Newtonsche Mechanik liefert nur den halben Wert der tatsächlichen Ablenkung.

Kennedy-Thorndike-Experiment (1932)

Invarianz der Lichtgeschwindigkeit.

Ives-Stilwell-Experiment (1938)

Erster direkter Nachweis der Zeitdilatation.

Pound-Rebka-Experiment (1959)

Hier wurde die von Einstein schon im Jahre 1907 vorhergesagte Gravitationsrotverschiebung mittels des Mößbauer-Effekts bestätigt. Schon 1925 wurde eine weniger genaue Messung durch Adams durchgeführt.

Messung des Myonenzerfall am Cern (1959)

Messung der Zeitdilatation um eine Faktor 30. Schon 1941 haben Rossi und Hall die Zerfallszeit von Myonen untersucht, die durch kosmische Strahlung in großen Höhen entstehen. Nur durch den Effekt der Zeitdilatation konnte die Rate der auf der Erdoberfläche ankommenenden Myonen erklärt werden.

Hafele-Keating-Experiment (1971)

Nachweis der Zeitdilatation durch ein die Erde umkreisendes Flugzeug, welches Atomuhren mit an Board hatte. Die wegen die Fluggeschwindigkeit sowie wegen der von der Erdoberfläche abweichende Gravitation vorhergesagte zeitliche Verzögerung konnten bestätigt werden.

Messung des de-Sitter-Effekts durch Shapiro (1988)

Messung der durch die ART vorhergesagten de-Sitter-Präzession.

Messung des Lense-Thirring-Effekt (2011)

Die Messung wurde mittels des Satelliten durch Gravity Probe-B durchgeführt.

Anhang C

Zitate

Abschließend einige Zitate von Albert Einstein:

'Zwei Dinge sind unendlich, das Universum und die menschliche Dummheit, aber bei dem Universum bin ich mir noch nicht ganz sicher.'

'Seit die Mathematiker über die Relativitätstheorie hergefallen sind, verstehe ich sie selbst nicht mehr.'

'Phantasie ist wichtiger als Wissen, denn Wissen ist begrenzt.'

'Ich habe keine besondere Begabung, sondern bin nur leidenschaftlich neugierig.'

'Zwei Dinge sind zu unserer Arbeit nötig: Unermüdliche Ausdauer und die Bereitschaft, etwas, in das man viel Zeit und Arbeit gesteckt hat, wieder wegzuwerfen.'

'Gesunder Menschenverstand: eigentlich nur eine Anhäufung von Vorurteilen, die man bis zum 18. Lebensjahr erworben hat.'

'Die Welt wird nicht bedroht von den Menschen, die böse sind, sondern von denen, die das Böse zulassen.'

'Gott würfelt nicht.'

'Wenn ich die Folgen geahnt hätte, wäre ich Uhrmacher geworden.'